ABHANDLUNGEN DER DEUTSCHEN AKADEMIE
DER WISSENSCHAFTEN ZU BERLIN

Klasse für Mathematik, Physik und Technik

Jahrgang 1958, Nr. 2

ROBERT DÖPEL

KANALSTRAHLRÖHREN ALS IONENQUELLEN

AKADEMIE-VERLAG · BERLIN

1958

Vorgelegt von Hrn. Rompe in der Gesamtsitzung vom 4. Oktober 1956
Zum Druck genehmigt am gleichen Tage, ausgegeben am 30. Juni 1958

Erschienen im Akademie-Verlag GmbH, Berlin W 8, Mohrenstraße 39
Lizenz-Nr. 202 · 100/435/58

Satz und Druck: IV/2/14 · VEB Werkdruck Gräfenhainichen · 888
Bestell- und Verlagsnummer: 2001/58/I/2
Preis: DM 6.—
Printed in Germany

INHALT

I. Ausgangslage

Bis zum Jahre 1932 haben sich nur wenige Physiker eingehend mit Ionenstrahlquellen befaßt. Sie verwendeten Ionenstrahlen für atomphysikalische und massenspektroskopische Zwecke und benutzten dafür fast ausschließlich Kanalstrahlentladungsröhren bei einigen 10 kV und Ionenausbeuten unter 10^{-4} Amp. Mit dem Aufschwung der Kernphysik in der obengenannten Zeit entstand ein dringendes Bedürfnis nach stärkeren Ionenquellen, das dann auch in einer Fülle von Publikationen seinen Niederschlag fand. Bei kritischer Betrachtung der betreffenden Literatur ergibt sich u. a. folgendes: Obgleich seit Jahren zahlreiche Angaben über Ionenquellen mit weit mehr als 10^{-3} Amp. Ionenausbeute vorliegen, werden immer wieder neue und natürlich „bessere" Ionenquellen entwickelt, ohne daß bis jetzt so hohe Ionenströme in Nachbeschleunigungsapparaturen zur Anwendung gebracht worden sind. Dieser verwunderliche Befund scheint seinen Hauptgrund darin zu haben, daß die Besonderheiten zahlreicher Ionenquellen durchaus nicht immer unerläßliche Eigentümlichkeiten besonders erfolgreicher Konstruktionen darstellen, sondern vielmehr oft den Weg charakterisieren, auf dem der Autor die Schwierigkeiten des von ihm betretenen Neulandes überwunden hat; und die Diskrepanz zwischen den hohen Ausbeuteangaben der Ionenquellen und den geringen, praktisch verwendeten Ionenstrahlströmen ist zum größten Teil dadurch bedingt, daß die Gewinnung und Formulierung der Ausbeute-Ergebnisse meist in einer Weise erfolgt, die der praktischen Anwendungsmöglichkeit zu wenig angemessen ist.

Insbesondere zeigt sich ein Teil der Publikationen über Gasentladungsröhren als Ionenquellen so wenig von dem bereits vorliegenden, gesicherten Erfahrungsmaterial beeindruckt, daß ihr Inhalt weniger zu einer Klärung als eher zu einer Verwirrung der Problemlage geführt hat, die leider auch bereits in zusammenfassende Berichte eingegangen ist.

Im folgenden soll nun nicht ebenfalls eine neue Ionenquelle dargeboten werden, vielmehr sollen einige Gasentladungsionenstrahlquellen, wie sie vom Verfasser zum Teil seit mehreren Jahrzehnten benutzt wurden, unter vernünftigen Gesichtspunkten messend verglichen werden, um sie einer einheitlichen Beurteilung hinsichtlich der praktischen Verwendbarkeit zuführen zu können. Die Versuche geben gleichzeitig eine Auskunft über die Ionenströme, die man von einem beliebig gebauten Rohr mit selbständiger Gleichspannungsentladung im günstigsten Fall überhaupt erwarten kann.

II. Konstruktive Angaben über Entladungsröhren zur Kanalstrahlerzeugung

Verwendet werden Entladungsröhren aus Glas und solche aus Metall. Bei letzteren dient das Glas oder ein anderes Isolationsmaterial nur zur Isolation zwischen Anode und Kathode und zur Begrenzung des Vakuums; der Entladungsvorgang verläuft ganz innerhalb von Metallzylindern.

A. Glasentladungsröhren

Im folgenden soll ein Glasentladungsrohr beschrieben werden, das vom Verfasser aus den Erfahrungen der W. WIENschen Schule vor etwa 20 Jahren entwickelt wurde und von ihm und seinen Mitarbeitern seither in mehr als 100 Exemplaren Verwendung fand. Das Rohr kann auch noch bei 60–70 kV mit 20 mA belastet werden.

Soll ein Glasentladungsrohr diese Beanspruchung vertragen, dann ist die Erfüllung folgender Bedingungen unerläßlich. 1. Die Kathodenstirn darf die Glaswand nicht berühren. 2. Die ersten 10–15 cm der Glaswand oberhalb der Kathode müssen frei sein von Luftadern. 3. Die Kathodenstrahlen dürfen nicht auf die Glaswand fallen. Abbildung 1 zeigt ein diesen Bedingungen entsprechendes Kanalstrahlrohr. Der innere Durchmesser des kathodennahen Schaftes (Wandstärke ca. 3 mm) beträgt 30 bis 35 mm, der Durchmesser der am Rande abgerundeten Kathodenstirn jedoch nur ca. 25 mm, so daß zwischen Glaswand und Kathodenstirn ein etwa 5 Millimeter breiter ringförmiger Zwischenraum entsteht. Ohne einen solchen Abstand zwischen Wand und Kathodenstirn kommt es leicht zur Funkenbildung an dieser Stelle, die zur Zerstörung der Glaswand führen kann. Der untere Teil des Zwischenraumes ist zwecks Erleichterung der Rohrjustierung durch einen auswechselbaren Aluminiumring (ca. 1 cm niedriger als die Kathodenstirn) ausgefüllt, dessen Außendurchmesser man dem nicht immer ganz gleich ausfallenden Glasrohrdurchmesser anpaßt. Die auf die Kathode aufprallenden Ionen führen unter Umständen zu so starker Bestäubung der Glaswand mit Kathodenmetall, daß die elektrischen Verhältnisse vor der Kathode in untragbarer Weise verzerrt werden. Eine Bedeckung der Kathodenstirn mit Aluminium hält diese Bestäubung für alle Gase genügend niedrig (mit Ausnahme der Edelgase). Bei Helium kann man die Bestäubung der Glaswand mit Aluminium noch durch Zusatz von 5–10% Sauerstoff in tragbaren Grenzen halten; bei Argon muß man bei stärkerer Belastung zu Metallröhren übergehen, bei denen die Isolation nicht von der Bestäubung erreicht wird. Selbstverständlich muß die Kathode mit Wasser gekühlt werden, am besten durch

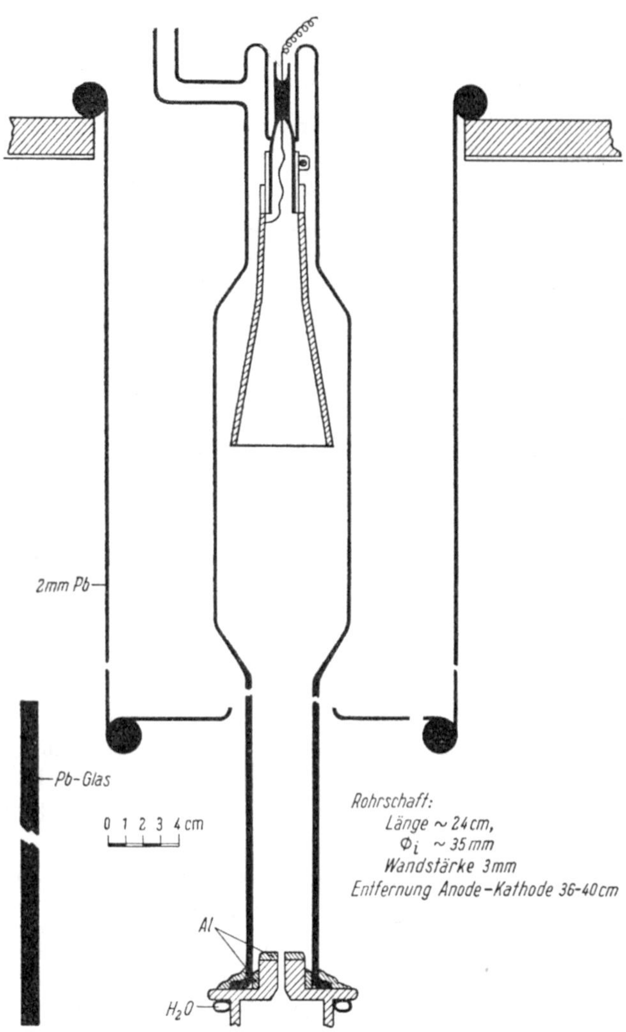

Abb. 1. Glaskanalstrahlrohr mit Röntgenstrahlschutz.

ein unter die Kathodenplatte gelötetes Kupferrohr. Die Kathodenplatte trägt das mit weißem Siegellack oder Apizeonwachs aufgekittete Glasrohr. Enthält dessen Schaft auf den ersten 10–15 cm Luftadern, dann bilden sich in diesen Adern bei starker Belastung (Glaswandtemperatur höher als 200° C) infolge der hohen Feldstärke leicht so intensive Parallelentladungen aus, daß die Glaswand innerhalb weniger Minuten zerstört werden kann. Jeder geschickte Glasbläser kann aber gegebenenfalls solche Glasadern leicht aus der Wand entfernen. Der Durchmesser des Rohres ist für die Entladung natürlich nur im Bereich des Kathodenfalles von Bedeutung. Für Spannungen zwischen 40 und 80 kV wählt man am besten 20–35 mm auf einer Länge von 25 cm. Der Anodenteil des Rohres hat einen Durchmesser von etwa 80 mm. Die Anode hat gleichzeitig die Aufgabe, die mit hoher Flächendichte auftretende Kathodenstrahlenergie (10 kW cm^{-2}) in Form von Wärmestrahlung zu zerstreuen. Sie besteht daheraus einem kreisförmigen Blech (Dicke ungefähr 0,5 mm, Durchmesser ungefähr 60 mm) aus schwer schmelzbarem Metall (Mo, Ta, W), das mittels angenieteter Nickelbänder in allgemein üblicher Weise gehalten wird. Bei 70 kV und 20 mA beträgt die Lebensdauer solcher Röhren (elektrolytische Zersetzung des heißen Glases!) etwa 100 Betriebsstunden. Der dafür erforderliche finanzielle Aufwand spielt im Gesamtaufwand solcher Versuche keine wesentliche Rolle.

Bei Belastungen über 80 kV kommt es gelegentlich zu Gleitfunken an der Außenwand des Rohrschaftes; bei Belastung von mehr als 80 kV und mehr als 20 mA steigt die Temperatur der Glaswand über die Erweichungstemperatur des Thüringer Apparateglases. Natürlich lassen sich diese Erscheinungen durch Einbau des Rohres in Öl und durch Verwendung härterer Gläser vermeiden; die damit verbundenen Komplikationen werden aber nicht mehr durch entsprechende Erhöhung der Ionenausbeute gerechtfertigt. Die Gaszuführung erfolgt zwecks leichterer Durchspülung des Rohres von der Anodenseite her. Um zu vermeiden, daß die elektrische Entladung in das Zuleitungsrohr usw. eindringt, bringt man die Gaserzeugungsgeräte usw. am besten in einen über dem Rohr isoliert aufgehängten Metallkäfig unter, der sich auf dem Potential der Anode befindet, und der gleichzeitig den unbedingt erforderlichen Röntgenstrahlschutz trägt (Pb = Blechzylinder; Durchmesser 15–20 cm; Wandstärke ca. 2 mm). Bei hoher Belastung und längerem Aufenthalt in unmittelbarer Nähe des Rohres ist es zweckmäßig, auch die von der Kathode ausgehende Röntgenstreustrahlung abzuschirmen.

B. *Metallentladungsröhren*

Metalle geben beim Erhitzen bekanntlich viel mehr Gas ab als Glas. Daher bestand zunächst keine Veranlassung, die für die Erzeugung von Röntgenstrahlen entwickelten, metallbegrenzten Gasentladungsröhren [1] auch für die Erzeugung von Ionenstrahlen zu benutzen, da deren Zusammensetzung natürlich vom Gasinhalt des Entladungsrohres abhängt. Erst als Oliphant die Vorteile aufzeigte, die sich aus der Möglichkeit ergeben, ein Metallrohr in ein Nachbeschleunigungsrohr einzubauen, erschien es zweckmäßig, spezielle Metallentladungsröhren für Ionenstrahlerzeugung zu entwickeln. Solche Röhren bestehen im wesentlichen aus zwei einseitig geschlossenen, koaxialen Metallzylindern, deren Flansche isoliert durch einen durchbohrten Glasteller oder Glaszylinder verbunden sind. Bis zu 30 kV bestehen bei beiden Isolationsarten keinerlei Schwierigkeiten. Will man jedoch das Rohr, um höhere Atomionen-Ausbeuten zu erzielen, mit Spannung von 50–70 kV betreiben, dann ist der konstruktive Aufwand entschieden höher als bei Glasentladungsröhren. In diesem Fall kommt als Isolation nur noch ein längerer Glas- oder Porzellanzylinder in Frage. Von den Dutzend Rohrformen dieser Art, die im Laufe mehrerer Jahre ausprobiert wurden, hat sich am besten eine zuerst von A. Bouwers [2] und seinen Mitarbeitern angegebene Form bewährt, die in Abbildung 2 wiedergegeben ist.

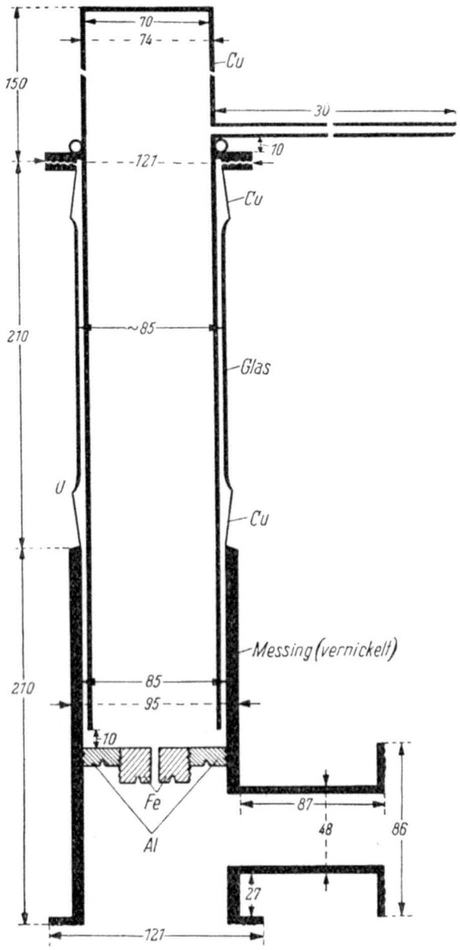

Abb. 2. Metallkanalstrahlrohr.

Der Anodenzylinder besteht bei einem für 60 kV bestimmten Entladungsrohr aus einem innen vernickelten Kupferrohr (innerer Durchmesser ca. 60 mm; Wandstärke ca. 2 mm), der Kathodenzylinder aus einem innen vernickelten Messingrohr; Zwischenraum zwischen beiden Zylindern 4–5 mm; ihre koaxiale Justierung erfolgt durch einen von unten in das Kathodenrohr an Stelle der Aluminiumkathode einschraubbaren Justierzylinder. Beide Zylinder sind durch ein Glasrohr mit angeschmolzenem Cu-Zylinder und einem mit Gummi gedichteten Flansch verbunden. Aus jenem mit H_2O gekühlten Flansch ragt das Anodenrohr um etwa 15 cm heraus, um einen Teil der Kathodenstrahlenergie als Wärmestrahlung abführen zu können. Der Abstand zwischen unterem Anodenrohrrand und der auswechselbaren Aluminiumkathode beträgt 6–8 mm. Der schwächste Punkt aller hier ausprobierten Metallentladungsrohre war der Übergang vom Kathodenrohr zum Glasisolator. Hier setzen bei ungünstiger Formgebung oder zu großem oder zu kleinem Abstand zwischen Anoden- und Kathodenzylinder Gasentladungen oder Wandentladungen ein, die die Lebensdauer des Glaszylinders stark herabsetzen können. Es kommt offenbar darauf an, daß sich gerade an dieser Stelle nirgends senkrecht über einem Oberflächenelement des Kathodenzylinders (also auch nicht parallel zur Rohrachse) ein größerer Raum befindet, in dem sich eine Teilentladung ausbilden könnte. Diese Forderung ist bei dem in Abbildung 2 beschriebenen Rohr dadurch erfüllt, daß die Kante des Kathodenrohres (nämlich der Cu-Anschmelzzylinder) von oben her vom Glas allseitig umfaßt und außerdem durch die Form des Glasansatzes nach oben abgeschirmt wird. Röhren dieser Art halten Spannungen bis etwa 70 kV aus, praktische Betriebsspannung etwa 60 kV. Die Entladungsströme lassen sich bei einem Metallentladungsrohr natürlich über 20 mA steigern; die dadurch erreichbare Ionenstromsteigerung steht aber kaum in ökonomischem Verhältnis zum Aufwand.

III. Betrieb von Entladungsröhren zur Kanalstrahlerzeugung

A. *Formen der Entladung*

Die Entladungsform, die zur Kanalstrahlbildung führt, entwickelt sich unter besonderen Umständen aus der „normalen“ Glimmentladung. So gut die Erscheinungsformen der letzteren bekannt sind, so wenig scheint nach Ausweis der Literatur eine anschauliche Kenntnis der Kanalstrahlentladungsform verbreitet zu sein. Da in dieser Kenntnis aber eine der Voraussetzungen für die Beurteilung verschiedener Röhrenformen liegt, so seien in Abbildung 3 und 4 einige Photographien von Kanalstrahlbildungen unter verschiedenen Umständen wiedergegeben. Die Aufnahmen wurden an einem 4,2 cm weiten Glasentladungsrohr (H_2-

1,5 kV 3 kV 6 kV 12 kV 24 kV 48 kV

Abb. 3a. Die Entwicklung des Kanalstrahlpinsels in einem 4,2 cm weiten Glas-Entladungsrohr bei $J_E = 10$ mA und steigender Spannung. Unten Kathode, oben 3,8 cm weite Hohlanode mit Horizontalschlitzen, in die die Kathode während des Betriebes hineingeschoben werden kann.

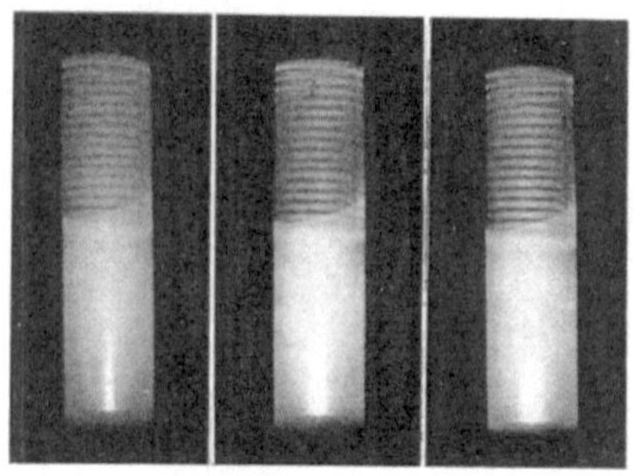

5 mA 10 mA 20 mA

Abb. 3b. Die Entwicklung des Kanalstrahlpinsels in einem 4,2 cm weiten Glasentladungsrohr bei 30 kV und steigender Stromstärke.

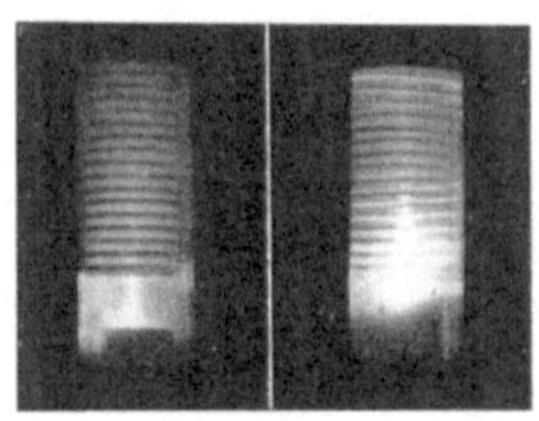

40 kV; 10 mA 48 kV; 10 mA

Abb. 4. Übergang vom Glasrohr zum Metallrohr. Die Entladungsbedingungen sind aus denen der Figur 3a (6 kV) entstanden, indem die Kathode während des Betriebes der Anode genähert wurde. Die Entladungserscheinung blieb dabei ungeändert, bis der Glimmsaum die Anode erreichte; danach Konzentration des Strahles und Erhöhung der Spannung bei gleichbleibenden J_E und P_E.

Durchströmung) gemacht, das während des Betriebes durch Verschieben der Kathode bis in eine geschlitzte Hohlanode hinein in ein Metallentladungsrohr verwandelt werden konnte. Die Aufnahmen enthalten nur die Teile der Glimmentladungen, die in einem rationell gebauten Entladungsrohr allein sichtbar sind, also „Erste Kathodenschicht", „HITTORFscher Dunkelraum" und „negatives Glimmlicht". Bei 1,5 kV (Abb. 3a) bedeckt die erste etwa 1,5 cm dicke Kathodenschicht die Kathodenoberfläche noch vollständig. Das negative Glimmlicht erstreckt sich bereits bis zur Anode. Bei 3 kV hat sich die erste Kathodenschicht bereits zu einem pinselförmigen Gebilde konzentriert, dessen äußere Begrenzung auf den Teil des Glasrohres hinweisen, an dem sich die untere Grenze des negativen Glimmlichtes befindet. Diese erste Kathodenschicht ist bedingt durch die Lichtanregung der auf die Kathode zufliegenden Teilchen, die bei einer Durchbohrung der Kathode dahinter als Kanalstrahlteilchen erscheinen würden. Bereits bei 3 kV hat man den – vollständig richtigen – Eindruck, daß die Teilchen aus dem unteren Rand der Glimmsaumbegrenzung kommen, aber erst nach einer gewissen Flugstrecke lichterregend in Erscheinung treten, sobald sie in dem dort herrschenden elektrischen Feld die erforderliche Energie erhalten haben. Bei Erhöhung der Spannung auf 6–12 kV wird der Eindruck, daß die Teilchen, die die „erste Kathodenschicht" bedingen, aus dem Glimmsaum kommen, noch verstärkt. Außerdem ist jetzt auch sehr leicht die Lichterregung des von der Aufprallstelle der „Kanalstrahlteilchen" auf der Kathode ausgehenden Elektronenstrahles (Kathodenstrahl) von der der Kanalstrahlteilchen zu unterscheiden. Visuell ist diese Unterscheidung infolge der verschiedenen Farben noch leichter (H-Strahl rosarot, Kathodenstrahl bläulich). Der Kathodenstrahl durchzieht in gleichbleibender Intensität den Hittorfschen Dunkelraum und das negative Glimmlicht; seine Lichterregung beträgt nur wenige Prozent der Lichterregung der Kanalstrahlteilchen, obgleich die Zahl der die Kathode verlassenden Elektronen bei diesen Spannungen etwa 2–4mal größer ist als die der dort ankommenden Kanalstrahlteilchen. Bei 24 kV ist eine weitere Konzentration des „Kanalstrahlpinsels" eingetreten; der Kathodenstrahl ist nur noch schwach, das Glimmlicht kaum noch bemerkbar. Bei 48 kV hat sich der „Kanalstrahlpinsel" zu einem scharfen Strahl konzentriert; der Kathodenstrahl ist nur noch mit Mühe erkennbar, das Glimmlicht deutet sich nur noch durch eine verstärkte Glasfluoreszenz an. Bei weiterer Erhöhung der Spannung ändert sich das Bild nur unwesentlich. Abbildung 3b zeigt den Einfluß der Stromstärke auf den Kanalstrahlpinsel. Wie zu erwarten, scheint der Strahlquerschnitt in erster Näherung der Stromstärke proportional zu sein. Natürlich hängt die Proportionalitätskonstante von der Spannung (siehe Abb. 3a) und von der Rohrform ab (siehe z. B. Abb. 4). Da jedoch der Austrittskanal für die Kanalstrahlteilchen nicht beliebig groß gemacht werden kann, so gibt es für jede Spannung und für jedes Rohr eine Stromgrenze, jenseits welcher die Stromsteigerung unökonomisch wird. Abbildung 4 zeigt, wie sich die Verhältnisse ändern, wenn die Glaswand des Rohres in eine metallische verwandelt wird (Übergang vom Glas- zum Kanalstrahlentladungsrohr). Zu diesem Zweck wurde das Glasrohr mit 6 kV und 10 mA betrieben und dann während des Betriebes bei unverändertem Gasdruck die Kathode der Hohlanode genähert und schließlich in diese hineingeschoben. Dabei ändert sich das Bild zunächst nur ganz unwesentlich; sobald aber die Hohlanode die untere Glimmlichtbegrenzung erreicht, ist eine Erhöhung der Spannung nötig, wenn man die Stromstärke von 10 mA aufrechterhalten will. Gleichzeitig erfolgt eine starke Konzentration des Kanalstrahlpinsels. Sobald die Kathode vollkommen in das Anodenrohr eingetreten ist (Metallentladungsrohr Durchmesser 3,8 cm), beträgt die für 10 mA erforderliche Spannung ca. 48 kV. Die Konzentration des Kanalstrahlpinsels ist besser als in einem Glasrohr gleicher Weite bei derselben Spannung und Stromstärke. Die gleiche Kanalstrahlbreite wie in obigem 3,8 cm weiten Metallrohr läßt sich aber bei der gleichen Spannung und Stromstärke auch in einem Glasrohr erreichen, wenn man den Durchmesser auf ca. 2 cm verringert. Der erforderliche Druck ist dann bei der gleichen Spannung und Stromstärke in diesem Glasrohr ungefähr ebenso hoch, wie in jenem Metallrohr von 3,8 cm Weite.

B. *Charakteristische Größenbeziehungen der Entladung*

Die hauptsächlichsten charakteristischen Größen der Entladung zur Erzeugung von Kanalstrahlen sind die Stromstärke I, die Röhrenspannung U, der Entladungsrohrdruck p, die Dunkelraumlänge d und die Breite B des Kanalstrahlpinsels. Die Größen sind miteinander verknüpft und außerdem abhängig vom Rohrdurchmesser und vom Material der Rohr-wand. Die Kenntnis einiger dieser Beziehungen sind wichtig für den Vergleich verschiedener Rohrtypen.

1. $I = f(U)$, $p =$ konst. Da alle vernünftig gebauten Kanalstrahlröhren nur die kathodischen Teile der Entladung enthalten, so ist ihre Charakteristik durch die des anomalen Kathodenfalles bestimmt, d. h.: I wächst mit steigender Spannung. Zwischen 4 und 20 kV bewirkt eine 20%ige Spannungserhöhung bereits eine Verdoppelung des Stromes (also $I \sim U^4$); bei höherer Spannung ist der entsprechende Stromzuwachs noch größer[1]). Von der Röhrenart hängt jene Beziehung nur unwesentlich ab.

2. $p = f(U)$; $I =$ konst. Diese Beziehung läßt sich am genauesten feststellen. Sie ist in Abbildung 5 für H_2, $I = 10$ mA und verschiedene Rohrdurchmesser und Rohrarten wiedergegeben. Mit zunehmendem U nimmt der für eine bestimmte Stromstärke erforderliche Druck p ab. Im Metallrohr ist der für gleiche Ströme und Spannungen erforderliche Druck größer als in Glasröhren von gleichen Durchmessern. In beiden Rohrarten ist dieser Druck ungefähr dem reziproken Durchmesser proportional (Abb. 6). Die

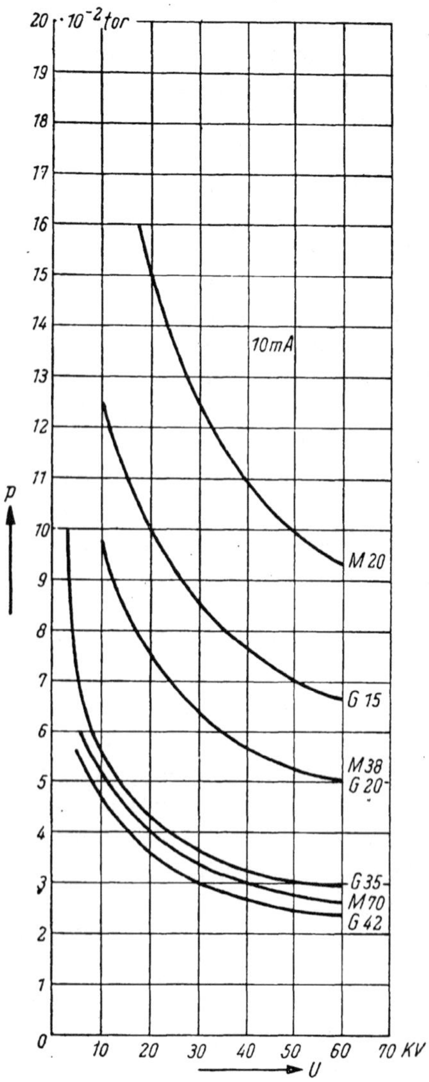

Abb. 5. Abhängigkeit des bei 10 mA in verschiedenen Röhren erforderlichen Druckes p von der Rohrspannung U.

G = Glasrohr; M = Metallrohr; Zahlen = Durchmesser in mm.

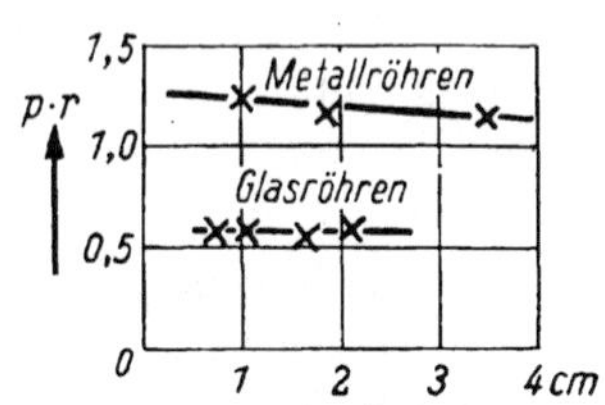

Abb. 6. Abhängigkeit des bei 30 kV und 10 mA erforderlichen Druckes p vom Rohrradius r.

$p \cdot r$ fast konstant, aber für Metallröhren höher als für Glasröhren.

---

[1]) In der Literatur und sogar in Lehrbüchern wird gelegentlich für Kanalstrahlröhren eine fallende Charakteristik angegeben. Dieser Irrtum beruht auf einer Verwechselung solcher Röhren mit Röhren mit ausgedehnter „positiver Säule“, deren fallende Charakteristik dann die Gesamtcharakteristik des Rohres bestimmt; oder es liegt eine falsche Interpretation der Tatsache vor, daß bei Benutzung einer Spannungsquelle, deren Klemmenspannung beträchtlich von der Stromstärke abhängt, eine Zunahme

Durchbohrung der Kathode mit einem 4 mm weiten Kanal erfordert bei 50 kV zur Aufrechterhaltung des Stromes eine Druckerhöhung von ungefähr 10%.

3. $I = f(p)$; $U =$ konst. Diese Beziehung läßt sich direkt nur ungenau feststellen. Für $U = 20$–60 kV bedingt eine Druckerhöhung von 10% bei gleicher Spannung bereits eine Erhöhung von 10 auf 25 mA (das entspricht etwa der Beziehung $I \sim p^{10}$, während in der Nähe des normalen Kathodenfalles ungefähr gilt $I \sim p^2$). Dadurch kann sich aber der Gaszustand im Rohr in nicht mehr vernachlässigbarer Weise ändern (Gas aus der Rohrwand). Hier ist nur wichtig, daß sich die Kurven der Abbildungen 5 und 6 beim Übergang zu höheren Strömen als 10 mA nur wenig ändern.

C. *Hittorfer Dunkelraum*

Der Raum zwischen Kathode und negativem Glimmlicht ist nur bei Spannungen bis zu einigen tausend Volt wirklich dunkler als das Glimmlicht. In seiner Achse ist die schwache Kathodenstrahlspur sichtbar und die mit steigender Spannung sich mehr und mehr konzentrierende Spur der geladenen und neutralen Atomstrahlteilchen. An seinem Ende hat die Feldstärke den für die optimale Ionisation durch Sekundärelektronen erforderlichen geringen Wert $\left(\frac{dU}{dx} \cdot \lambda \approx 100 \text{ Volt}; \lambda = \text{freie Weglänge der Elektronen}\right)$. Die dort einsetzende starke Ionisation macht sich in Glasröhren von 1–4 cm Durchmesser bei Spannungen bis höchstens 30 kV als negatives Glimmlicht bemerkbar; bei höherer Spannung ist sie nur noch als starke Fluoreszenz der Glaswand zu beobachten. Der kathodenseitige Teil dieses Raumes verstärkter Ionisation liefert den Hauptteil der primären, positiven Ionen. Bei ihrem Flug durch den Dunkelraum verstärken sich die geladenen und zum Teil auch neutralisierten Teilchen durch Ionisierung des „ruhenden“ Gases so lange, bis ihre Zahl die für die Aufrechterhaltung der Entladung erforderliche Größe erreicht hat. Für diese Verstärkung ist eine bestimmte Laufstrecke nötig[2]), eben jene Strecke, die bei niedrigen Spannungen sich als Dunkelraum bemerkbar macht. In ganz ähnlicher Weise erfolgt natürlich die Ionenstrahlbildung in einem Metallentladungsrohr. Auch dort bildet sich ein durch das negative Glimmlicht begrenzter Dunkelraum aus. Seine Grenze ist (in einem 4 cm weiten Rohr) allerdings höchstens bis 10 kV beobachtbar. Das hat offenbar seinen Grund darin, daß infolge der positiven Wandladung des Metallrohres die Ionisierungsmöglichkeit der Sekundärelektronen im negativen Glimmlicht geringer ist als in einem Glasrohr. Die Vermehrung der Ionen ist nun um so größer, je größer die Laufstrecke d und der Druck p sind, und zwar geht $p \cdot d$ in die Exponenten einer komplizierten e-Funktion ein. Man wird daher am ehesten eine einfache Gesetzmäßigkeit erwarten, wenn man nicht die Abhängigkeiten der Länge d des Dunkelraumes selbst betrachtet, sondern besser die seines Produktes mit dem Druck p, also $p \cdot d$. Zu erwarten ist, daß dieses Produkt weniger von den übrigen Entladungsparametern abhängt als p oder d für sich allein. Es ist ferner zu erwarten, daß $p \cdot d$ um so größer sein muß, je kleiner der Vermehrungsfaktor der Ionen α_u, je kleiner γ_u (= Zahl der an der Kathode pro Ion freigemachten Elektronen) und je weniger Ionen aus dem Glimmraum herausdiffundieren können, d. h. je geringer die Ionenkonzentration im Glimmlicht selbst ist. Diese Er-

des Stromes bei sinkender Spannung beobachtet werden kann. Das hat aber dann seinen Grund in einer Erhöhung des Gasdruckes der Röhre infolge Gasausbruch aus der Rohrwand und hat mit der wirklichen Charakteristik — $I = f(U)$; $p =$ konst. — überhaupt nichts zu tun.

[2]) In der Literatur trifft man häufig die entgegengesetzte Meinung: Die Ionen sollen nur unmerklich ionisieren, der Dunkelraum aber sei bedingt durch die erforderliche Verstärkung des Kathodenstrahles durch Elektronenstoß-Ionisation. Die Irrigkeit dieser Vorstellung ergibt sich nicht nur aus der Physik der Elektronen- und Ionenstrahlen, sondern sie ergibt sich auch direkt aus der Phänomenologie der Glimmentladung (besonders bei Spannungen über 1 kV). Darauf soll an anderer Stelle näher eingegangen werden.

wartungen sind in der Tat erfüllt. Solange man nur Röhren aus einem bestimmten Material (z. B. Glas) und Spannung über 5 kV betrachtet, ändert sich $p \cdot d$ um höchstens 10–20%, auch wenn sich einer der anderen Parameter (U, I, p, r) um ein Mehrfaches ändert. Speziell ergeben sich folgende empirische Abhängigkeiten: Mit fallendem Strom (1), oder fallender Spannung (2) oder abnehmendem Rohrradius r (3) nimmt $p \cdot d$ etwas zu. Gründe: (1) Ionenkonzentration im Glimmlicht nimmt ab; (2) α_u und γ_u nehmen ab; (3) Ionisation im Glimmlicht nimmt ab, da die Elektronen rascher die Rohrwand erreichen. Dieser Grund gilt insbesondere beim Übergang vom Glasrohr zum Metallrohr; das auf Anodenpotential befindliche Anodenrohr saugt die langsamen Elektronen des Glimmlichtes so stark ab, daß die starke Verminderung der Ionisation im Glimmlicht durch eine starke Vermehrung der wenigen aus dem Glimmlicht austretenden Ionen kompensiert werden muß. Daher wird beim Übergang vom Glasrohr zum Metallrohr bei gleichem U, I und r eine Erhöhung des $p \cdot d$ um ca. 80% beobachtet.

D. Die Breite des Kanalstrahlpinsels vor der Kathode

Diese Größe ist von großer Bedeutung für die Ausnutzung der auf die Kathodenstirn auftreffenden Kanalstrahlteilchen hinter einem Kanal von bestimmtem Durchmesser. Natürlich hat der Kanalstrahlpinsel keine strenge Begrenzung. Das zeigt sich besonders deutlich bei photographischen Aufnahmen mit verschieden langen Belichtungszeiten. Da seine Intensität von innen nach außen etwa ähnlich wie bei einer Gaussschen Verteilung abnimmt, so ist man wie bei dieser auf eine gewisse, willkürliche Definition der Breite angewiesen (z. B. Intensitätsabfall bis auf etwa 10%). Die Pinselbreite hängt ab von der Entladungsstromstärke, der Röhrenspannung und dem Wandpotential. Letzteres ist in Praxis bedingt durch das Wandmaterial (Anodenpotential bei Metallröhren, etwas geringeres Potential bei Röhren aus Glas, Porzellan usw.). Wie aus Abbildung 3b zu sehen ist, nimmt die Strahlbreite mit zunehmender Stromstärke zu, so daß schließlich nur ein kleiner Bruchteil der ankommenden Ionen den Kathodenkanal passieren kann. Diese Verbreiterung läßt sich jedoch durch Erhöhung der Spannung rückgängig machen (siehe Abb. 3a). Ist man jedoch auf eine bestimmte Spannung angewiesen, dann erfordert die effektive Anwendung höherer Ströme eine Verringerung des Rohrdurchmessers oder Übergang vom Glasrohr zum Metallrohr. Beide Maßnahmen erfordern (bei Beibehaltung von Strom und Spannung) eine Erhöhung des Gasdruckes. Baut man ein Glas- und ein Metallstrahlrohr so, daß man in beiden Röhren bei gleichem Strom und gleicher Spannung die gleiche Ionenstrahlkonzentration erzielt, dann erfordert das etwa zweimal weitere Metallrohr ungefähr den gleichen Gasdruck wie das Glasrohr (siehe Abb. 5). Beide Maßnahmen führen also insgesamt zu etwa den gleichen physikalischen Folgen.

IV. Analyse der Kanalstrahlen

A. Entstehung und korpuskulare Zusammensetzung der Kanalstrahlen

Aus dem bekannten differentiellen Ionisierungsvermögen der Kathodenstrahlen ergibt sich, daß bei $U > 30$ kV im Hittorfschen Dunkelraum von etwa 30 Kathodenstrahlelektronen höchstens ein Sekundärelektron erzeugt wird. Dieses bekommt in dem dort herrschenden starken Feld schon vor dem ersten Zusammenstoß mit dem Gas ebenfalls eine so hohe Geschwindigkeit, daß es auch seinerseits nur geringe Ionisierungswahrscheinlichkeit besitzt. Erst im Glimmsaum und danach wird das elektrische Feld so schwch, daß die dort entstehenden Sekundärelektronen starke Ionisierungswahrscheinlichkeit erhalten und somit zu Elektronenlawinen und starken Ionenbildungen führen. Aus diesem Pseudoplasma diffundieren Ionen heraus, werden vom Feld erfaßt und bilden die primären Teilchen des Kanalstrahlpinsels. Die hohe Ionendichte im negativen Glimmlicht führt andererseits zu Assoziationsprozessen, und zwar natürlich um so häufiger, je höher der Druck.

Dieser Teil der Kanalstrahlionenquellen unterscheidet sich von einer Ionenquelle in Form eines Niederspannungsbogens oder anderen ähnlichen Ionenquellen nur quantitativ durch die dort herrschenden Druck- und Stromstärken und damit durch die Ionendichten und die Assoziationsmöglichkeiten, nicht aber durch die Qualität der stattfindenden Prozesse. Da beim Niederspannungsbogen die Ionen durch eine Hilfsspannung vom Entstehungsort aus fast unmittelbar in ein hohes Vakuum gezogen werden, so gibt die Analyse eines solchen Strahles ein ziemlich gut treffendes Bild der Ionenverhältnisse im Augenblick der Entstehung. Solche Ionenquellen liefern vorzugsweise H_2^+-Ionen und in sehr starkem Maß sogar H_3^+-Ionen. Auch im Glimmlicht des Kanalstrahlentladungsrohres entstehen primär hauptsächlich H_2^+-Ionen, weniger häufig H^+-Ionen und durch Assoziation auch H_3^+-Ionen. Da aber diese Ionen im Kanalstrahlrohr zunächst den HITTORFschen Dunkelraum durchlaufen müssen, und da sie infolge ihrer großen gerichteten Geschwindigkeit ohne weitere Hilfsapparatur durch einen längeren gasgefüllten Kanal geschossen werden können, so ändert sich die korpuskulare Zusammensetzung der Strahlen auf dem Weg bis zum Verwendungsort, und zwar auf Grund folgender Prozesse:

1. Dissoziation von Molekülionen durch Zusammenstöße mit dem „ruhenden" Gas. Dabei vergrößert sich die Zahl der Atomionen auf Kosten der Molekülionen, und zwar mit wachsender Teilchenenergie und mit wachsendem Integral $\int p_e dl$ zwischen Entstehungsort der Kanalstrahlen und Kanalende.

2. Umladung durch Zusammenstöße mit dem „ruhenden" Gas. Je größer obiges Integral $\int p_e\, dl$, um so mehr nähert sich das Verhältnis zwischen geladenen und neutralen Teilchen einem nur von der Geschwindigkeit abhängenden Grenzwert.

3. Streuung durch Zusammenstöße mit dem „ruhenden" Gas. Je größer obiges Integral und je kleiner die Teilchenenergie, um so mehr Teilchen scheiden aus dem Strahl aus unter gleichzeitiger Änderung der Zusammensetzung.

4. Ionisation des „ruhenden" Gases. Werden Moleküle des „ruhenden" Gases im Kathodenfall ionisiert, so werden die entstehenden Ionen vom Feld erfaßt und verstärken auf diese Weise die Intensität des Kanalstrahles. Im Gegensatz zur Ionisation durch Elektronen nimmt die Ionisation durch Atome in dem hier in Frage kommenden Spannungsbereich ($n \cdot 10^4$ Volt) mit zunehmender Spannung zu.

Die quantitative Auswirkung all dieser Prozesse hat zur Folge, daß sich die korpuskulare Zusammensetzung der Strahlen eines Kanalstrahlrohres von der Zusammensetzung der Strahlen eines Niederspannungsbogens beträchtlich unterscheidet, obgleich jene Prozesse in beiden Fällen qualitativ dieselben sind.

Ein markantes Beispiel dafür ist das Verhalten von H_3^+. Im Niederspannungsbogen tritt dieses Ion relativ zu anderen Ionen sehr stark auf, und seine relative Intensität steigt mit steigendem Druck. Im Kanalstrahlrohr dagegen tritt es mit sehr geringer Intensität auf [3, 4, 5], und diese Intensität steigt, wenn man den Entladungsrohrdruck erniedrigt [3, 5] (große Rohrdurchmesser, Fremdgaszusätze). Dieses verschiedenartige Verhalten ist leicht zu erklären. Sowohl im Niederspannungsbogen als auch im Glimmlicht des Kanalstrahlrohres steigt die Bildung von H_3^+ mit steigendem Druck ($H_2^+ + H_2 = H_3^+ + H$). Mit steigendem Druck und steigender Geschwindigkeit steigt aber auch der Zerfall des H_3^+ bei seinem Zusammenstoß mit dem „ruhenden" Gas, und zwar wirkt sich bei diesem Zerfall das Integral $\int p_e\, dl$ exponentiell aus. Bei der Niederspannungsbogen-Ionenquelle tritt im wesentlichen die Druckabhängigkeit der Ionen*bildung* in Erscheinung, da das Ion in dem Augenblick, in dem es vom elektrischen Absaugfeld erfaßt wird, das Gebiet des höheren Druckes verläßt.

Bei der Kanalstrahl-Ionenquelle dagegen muß das H_3^+-Ion den HITTORFschen Dunkelraum und eventuell einen längeren Kanal durchlaufen. Hierbei überwiegt mit steigendem Druck der dadurch verstärkte Zerfall die verstärkte H_3^+-Bildung. Für das H_2^+ gelten ähnliche Verhältnisse. Während aber die Bildung des H_3^+ infolge seiner geringen Stabilität offenbar nur bei geringer Stoßenergie stattfinden kann (also nur in der Nähe des Glimmsaumes[1])), erfolgt die Bildung von H_2^+ auch im HITTORFschen Dunkelraum und steigt dort mit zunehmender Teilchenenergie an [6] (Ionisation „ruhender“ H_2-Moleküle durch rasch bewegte H_2^+ und H^+). Diese Neubildung von H_2^+ längs des Kanalstrahlpinsels kann dabei den Zerfall des H_2^+ ($H_2^+ = H^+ + H$) durchaus kompensieren, da das Produkt $p \cdot l$ vor dem Kanal in beide Prozesse exponentiell eingeht. An der Kathode kommen also neben H^+ unter allen Bedingungen auch H_2^+-Ionen an, bei nicht zu hoher Spannung sogar in überwiegender Zahl, die freilich mit steigender Spannung sinkt.

Tritt nun der Ionenstrahl in einen Kanal mit einem mittleren Druck von etwa 10^{-2} mm ein, dann beteiligen sich die neu entstehenden H_2^+-Ionen nicht mehr an der Strahlbildung. Der H_2^+-Zerfallsprozeß infolge von Zusammenstößen mit dem „ruhenden“ Gas führt dann allmählich zum Übergang des Molekularstrahles in einen Atomstrahl ($H_2^+ = H^+ + H$; $H_2^+ = H^+ + H^+ + e$ usw.). Dieser Übergang erfolgt auf um so kürzeren „Druckweg“ ($\int p_e \, dl$), je höher die Spannung des Rohres gewählt wird. In den meisten Fällen wird von einer Ionenquelle ein intensiver *Atom*-Ionenstrom verlangt. Mit steigender Entladungsspannung steigt nun nicht nur der Atomanteil des Kanalstrahles, sondern auch seine Konzentration auf kleinerem Querschnitt (siehe Seite 9) und sein Ionenanteil (Abb. 8), während die zur Schwächung führende Streuung abnimmt. Die Anwendung einer höheren Spannung (ca. 60–70 kV) und die Benutzung eines nicht zu kurzen Kanals gibt uns also die Möglichkeit, mit konstruktiv einfachen Mitteln einen fast reinen Atom-Ionenstrahl zu erzeugen mit relativ hoher Intensität und geringer Divergenz.

Im Laufe von etwa 20 Jahren wurden (zum Teil auch von meinen Mitarbeitern) unter jenen Bedingungen eine große Zahl magnetischer und elektromagnetischer Analysen von Kanalstrahlen durchgeführt. Ohne im einzelnen auf die bekannten Apparaturen und Geschwindigkeitsverteilungskurven eingehen zu wollen, sei nur das hier interessierende Gesamtresultat angegeben:

Jedes zylindrische Wasserstoffentladungsrohr liefert bei U größer als 50 kV und $I = 10$ bis 20 mA 60–80% H-Ionen, vorausgesetzt, daß die Kanalstrahlen einen Kanal von ungefähr 2 cm Länge durchlaufen, in dem der mittlere Druck ca. 10^{-2} Torr beträgt. Die H-Ionen bestehen dabei in der Hauptsache aus Ionen sogenannter „langsamer Atome“, die eben in jenem Kanal und auch kurz vorher aus H_2^+-Ionen entstanden sind. Dieses Ergebnis erhält man an allen zylindrischen Glasröhren mit weniger als 4 cm Weite und ebenso an Metallröhren, an denen die Versuche bis zu 8 cm Durchmesser durchgeführt wurden.

Ionen mit mehrfacher Ladung (z. B. He^{++}) werden im Entladungsrohr natürlich auch erzeugt [7]; da aber bei U kleiner als 10^5 V für diesen Ionisierungsgrad praktisch nur Elektronenstöße in Frage kommen, so ist die Zahl dieser Ionen sehr gering.

B. Das Verhältnis der Ionen zu den neutralen Teilchen im Kanalstrahl in Abhängigkeit von der Kanallänge

Für den Gleichgewichtsfall ist das Verhältnis der geladenen zu den ungeladenen Teilchen eines Wasserstoffkanalstrahles bekannt, nicht aber für den hier interessierenden Fall „unmittelbar hinter verschieden wirkenden Kanälen“. Abbildung 7 zeigt den für die experimentelle Bestimmung dieses Verhältnisses benutzten speziellen Teil der Apparatur. Im oberen Teil ist das Entladungsrohr angedeutet. Der Strahl läuft durch die Bohrung einer Aluminiumkathode in einen Raum mit $p < 2 \cdot 10^{-4}$ Torr, in dem Zusammenstöße mit dem Gas vernachlässigt werden können. Mit Hilfe des Kondensators $K_1 K_2$ kann man den geladenen Anteil des Strahles vollkommen ausschalten. Gemessen wird der Gesamtstrahl oder der neutrale Anteil mittels Thermoelement Th.-E. Die mit H_2O gekühlte Blende B dient zur Dosierung oder zur Sperrung des Strahles. Die Kathode kann von unten her ausgewechselt werden, ohne daß das Entladungsrohr entfernt zu werden braucht. Abbildung 8a und b zeigen die Ergebnisse solcher Messungen für verschiedene Spannungen und Kanäle. In allen Fällen ist der Anteil der geladenen Teilchen höher als in dem bereits bekannten Fall des Gleichgewichtes der Umladung. Dieses Gleichgewicht ist eben auf den kurzen Laufstrecken ($\leq$ 20 mm) noch nicht erreicht. Mit zunehmender Spannung steigt bei allen drei Kanälen der geladene Anteil weiter an (ähn-

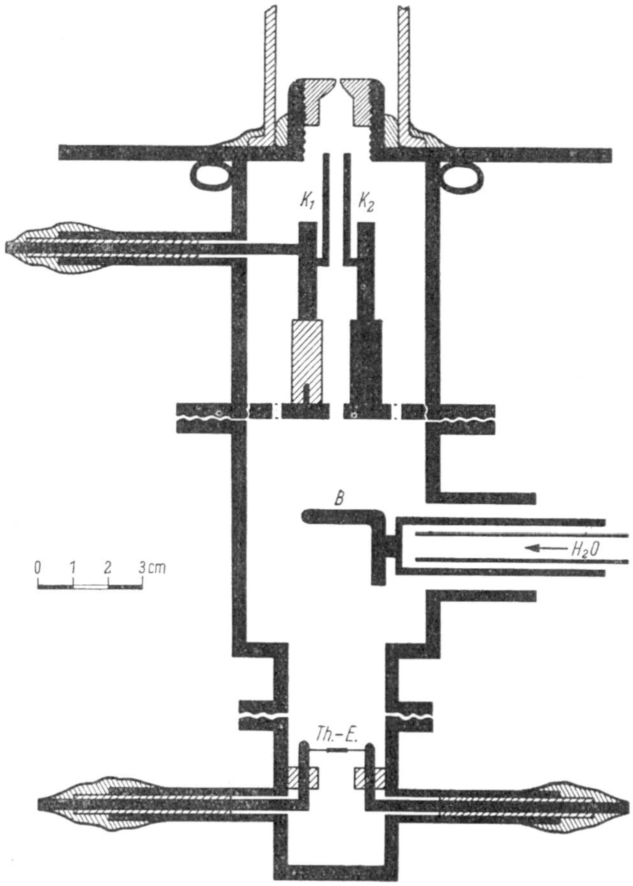

Abb. 7. Apparatur zur Bestimmung des Ionenanteiles des Kanalstrahlstromes unmittelbar vor und hinter der Kathode.

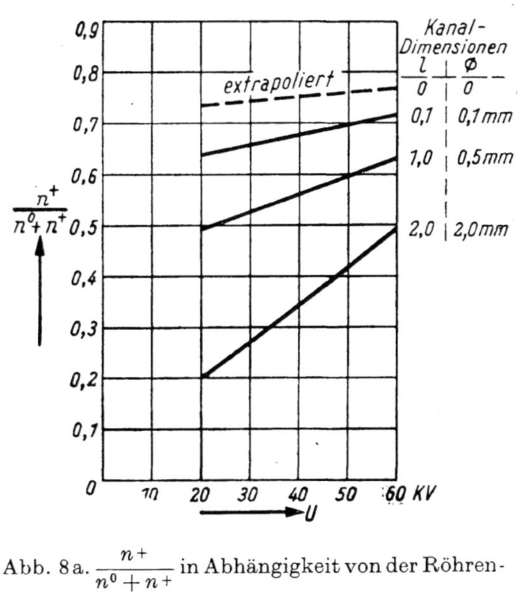

Abb. 8a. $\frac{n^+}{n^0 + n^+}$ in Abhängigkeit von der Röhrenspannung n.

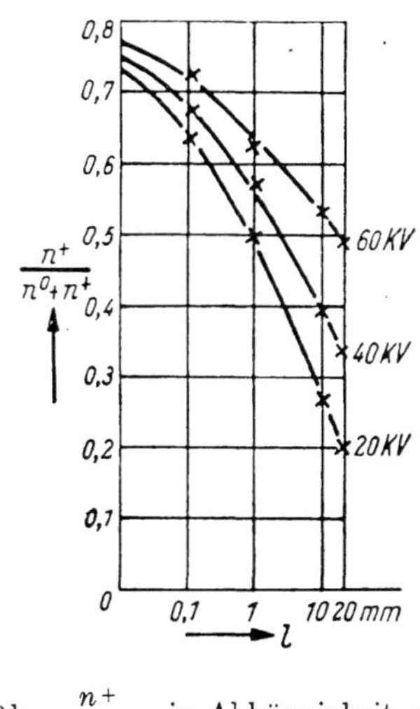

Abb. 8b. $\frac{n^+}{n^0 + n^+}$ in Abhängigkeit von der Kanallänge l.

lich wie im Fall des Umladungsgleichgewichtes). Dies hat seinen Grund in der Abnahme der Neutralisierungswahrscheinlichkeit mit zunehmender Spannung. Daß sich diese Zunahme für kürzere Kanäle weniger auswirkt als für lange, ist ohne weiteres klar, da sich die Werte $e^{-N\sigma^+ l}$ für kleine $(N\sigma^+ l)$ auch bei verschiedenen $\sigma^+ = f(u)$ wenig voneinander unterscheiden. Abbildung 8b zeigt, welchen höchsten Ionenanteil man (theoretisch) bei „Kanallänge Null" erreichen kann. In diesem Fall bekäme man $\frac{n^+}{n^0 + n^+} \approx 0{,}75$. In Praxis wird man sich mit $\frac{n^+}{n^0 + n^+} = 0{,}4 \div 0{,}5$ begnügen müssen. Diese Feststellung ändert sich beim Übergang zu verschiedenen Rohrtypen nur unwesentlich.

V. Gesamtausbeute von Ionen in Abhängigkeit von der Röhrenart und den Entladungsparametern

A. Meßmethoden

Die von der Entladungsspannung und der Stromstärke abhängige Gesamtausbeute von Ionenstrahlröhren ist außerdem noch von folgenden Parametern abhängig:

1. Rohrart (Glas oder Metall),
2. Rohrdurchmesser,
3. Kanallänge und Kanaldurchmesser,
4. Abstand der Meßstelle von der Kathodenstirn.

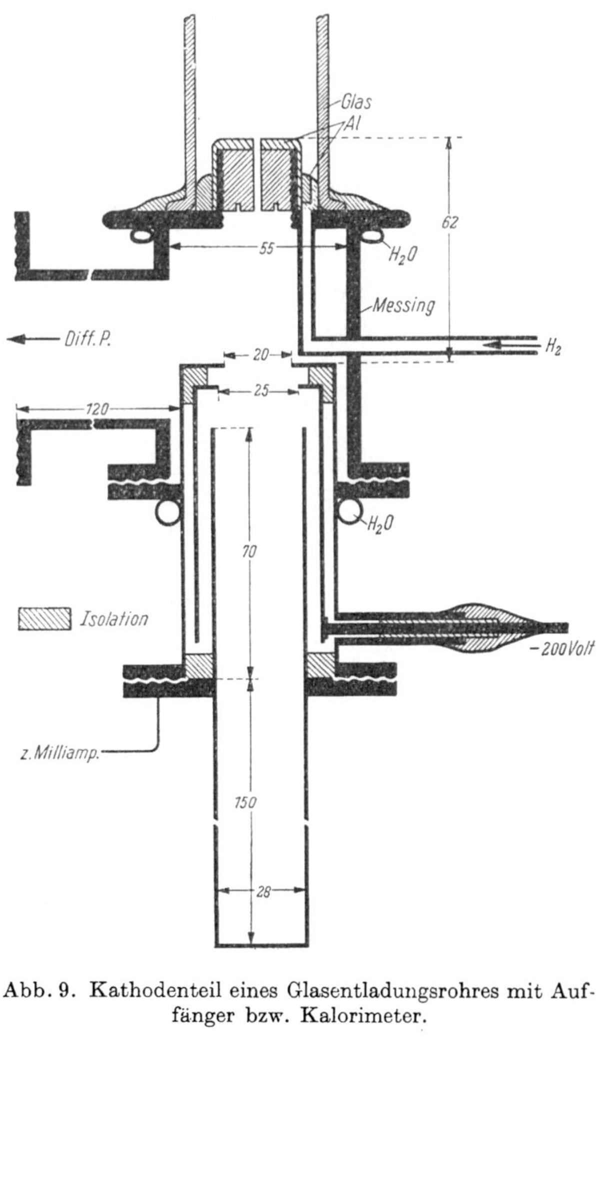

Abb. 9. Kathodenteil eines Glasentladungsrohres mit Auffänger bzw. Kalorimeter.

Alle 4 Parameter wurden im Lauf der Jahre mehrfach und auch von verschiedenen Mitarbeitern[3]) variiert, um ein Bild der Reproduzierbarkeit zu erhalten. Dabei waren in den meisten Fällen der zentrale Teil der Kathode und auch der Ionenauffänger von rückwärts her auswechselbar, ohne daß dadurch die Zentrierung der Rohrachse zur Kanalachse gestört worden wäre (Abb. 9).

1. Ladungsmessung. Hat man nur Interesse am Ionenanteil des Kanalstrahles (z. B. bei Nachbeschleunigung), so erscheint die Ladungsmessung als einfachster Weg der Strahlstärkebestimmung. Die Zahl der neutralen Teilchen bekommt man daraus nötigenfalls durch Bestimmung von $\frac{n^+}{n^0 + n^+}$ mittels Thermoelement. Für diese Ladungsmessung ist bei Kanalstrahlen freilich die Einhaltung von gewissen Vor-

[3]) Insbesondere von K. BIESSMANN, Diplomarbeit 1943 Universität Leipzig.

sichtsmaßnahmen erforderlich, gegen die erstaunlich oft verstoßen wird. Manchen Autoren ist offenbar gar nicht bewußt, daß die Sekundärelektronenbildung durch H-Teilchen bei $U > 10\,\mathrm{kV}$ beträchtlich größer ist als die durch Elektronen (Elektronenbefreiung aus unpräparierten metallischen Werkstoffen bei H-Stoß etwa 2–3mal größer als bei Elektronenstoß; Gasionisation bei H-Stoß etwa 50mal größer als bei Elektronenstoß). Befinden sich im Meßraum bei $p > 10^{-3}$ Torr außerdem noch ungünstige elektrische Felder (solche Felder können bei sehr kurzen und weiten Kanälen sogar vom Entladungsraum hereingreifen), dann können kanalstrahlgesteuerte Entladungen entstehen, die jedes Meßergebnis illusorisch machen. Erforderlich für exakte Aufhängermessungen ist also ein Druck $p < 10^{-3}$ Torr, ein möglichst tiefer Auffängerzylinder ($l > 3$ cm), ein Sperrfeld, das die Sekundärelektronen im Auffänger zurückhält, und eine Abschirmung dieses Feldes gegenüber dem Raum zwischen Auffänger und Kathode. Abbildung 9 zeigt einen solchen Auffänger (und zwar ist von allen verwendeten Auffängern der mit größter Öffnung und kürzestem Kathodenabstand eingezeichnet). Der in die Apparatur hineinragende Teil ist durch ein geerdetes Gehäuse allseitig so abgeschirmt, daß weder die negativ geladene Elektronensperrblende noch die äußeren Teile des Auffängers durch Strahlteilchen getroffen werden können. Aber auch die beste Auffängereinrichtung kann bei Kanalstrahlmessungen noch zu Ergebnissen führen, die um viele Größenordnungen (!) falsch oder vollkommen unsinnig sind. Das ist der Fall, wenn in dem Meßraum Hg-Dampf (z. B. aus der Diffusionspumpe) eindringt, und der Entladungsraum gleichzeitig einige Prozent O_2 oder H_2O enthält. Die beim Stoß $O_2 \rightarrow Hg$ sich bildenden negativen O-Ionen[4]) fälschen natürlich die Auffängermessung in unbekannter Weise; unter Umständen kann sogar der positive Kanalstrahlstrom in einen negativen Gesamtstrom verwandelt werden. Letzteres ist natürlich ein Extremfall. Er zeigt aber, daß bei Auffängermessungen an Ionenstrahlröhren besondere Sorgfalt und Kritik geboten ist. Eine Ergänzung durch andere Methoden ist daher erwünscht.

2. Energiemessung. Die Bestimmung der Ionenstrahlausbeutung durch kalorimetrische Messungen der mitgeführten Energie setzt natürlich die Kenntnis von $\frac{n^+}{n^0 + n^+}$ und die Energieverteilung im Kanalstrahlspektrum voraus. Sie kann aber selbst bei Vernachlässigung aller Korrekturen (Wasserwert von Auffänger und Kalorimeter, Abkühlungsverluste) nie zu so großen Fehlern führen wie eine fehlerhafte Ladungsmessung. Im Interesse der Literaturentlastung wäre es daher wünschenswert, wenn Autoren, die an neuartigen Ionenquellen eine besonders hohe, aber nur elektrisch gemessene Ionenausbeute erhalten, diese Ausbeute vor ihrer Publikation nochmals kalorimetrisch prüfen würden. Der in Abbildung 9 gezeigte Auffänger dient gleichzeitig der Messung der Kanalstrahlenergie. Die unteren 10 cm tauchen dabei in ein kleines Dewar-Gefäß mit 100 g H_2O ein. Die in 5 Minuten erreichte Temperaturerhöhung liegt in den meisten Fällen zwischen 0,5° und 30°, ist also sehr gut meßbar. Die Bestimmung der Wasserwerte und Abkühlungsverluste geschieht durch eine kleine Heizspirale mit veränderlicher Wattzahl, die unter sonst gleichen Bedingungen die gleiche Temperaturerhöhung erzielt wie der Kanalstrahl. Aus der Wattzahl erhält man dann den Kanalstrahlteilchenstrom durch Division durch die mittlere Teilchenenergie, die unter den in Frage kommenden Umständen je nach Spannung und Kanallänge etwa zwischen 0,3 und 0,4 eU liegt. Aus dem Gesamtstrom erhält man dann den Ionenstrom durch Bestimmung von $\frac{n^+}{n^0 + n^+}$. Natürlich hat dieses Verfahren keine große Genauigkeit. In bestimmten Fällen ergibt jedoch die Energiemessung eine gute relative Vergleichsmöglichkeit. Mit großer Genauigkeit läßt sich der Ionenstrom kalorimetrisch bestimmen, wenn man die Ionen nachbeschleu-

---

[4]) Daß 0-Kanalstrahlen durch Umladung an Hg-Dampf einen Überschuß von negativen Ionen erhalten, ist eine alte Erfahrung. W. WIEN, Annalen der Physik 39, 1912, 519.

nigt, und zwar aus der Differenz der Energie mit und ohne Nachbeschleunigung. Diese Differenz dividiert durch die Nachbeschleunigungsspannung ergibt den Ionenstrom.

B. Ergebnisse

1. Gesamtenergie der auf die Kathodenstirn auftreffenden Teilchen. Der Zusammenhang zwischen Ionenausbeute hinter der Kathode eines Entladungsrohres, den konstruktiven Einzelheiten des Rohres und den Entladungsparametern ist dermaßen kompliziert, daß wir besser vorerst versuchen, einen Teil dieser Komplikationen zu vermeiden und zunächst fragen, wieviel Teilchen treffen denn überhaupt auf die Kathodenstirn auf. In der Tat erhalten wir dann höchst übersichtliche Gesetzmäßigkeiten, die das Verständnis von Ausbeutefragen sehr erleichtern. Diese Frage kann nur mit Hilfe der unter V. A. 2. angegebenen Kalorimetermethode beantwortet werden. Die nicht durchbohrten Kathoden der betreffenden Röhren wurden als Kalorimeter ausgebildet und mittels der dort angegebenen Methode geeicht.

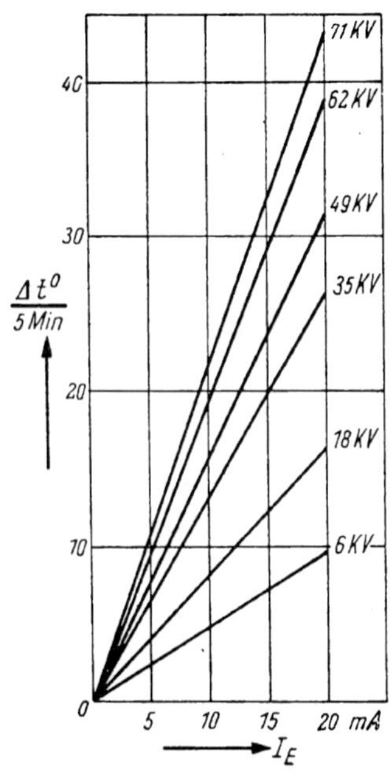

Abb. 10. Die auf die Kathode übertragene Kanalstrahlenergie in Abhängigkeit von der Entladungsstromstärke J_E.

Abbildung 10 zeigt die Abhängigkeit der von den ankommenden Ionen und Atomen an die Kathode abgegebenen Energie als Funktion der Entladungsstromstärke in relativem Maßstab. (Die Angabe „Δt pro 5 Minuten" gilt für Kalorimeter mit einer Gesamtkapazität von etwa 130 g H_2O). Die strenge Linearität dieser Beziehung erscheint in Anbetracht der komplizierten Entladungsvorgänge durchaus nicht trivial und noch weniger die Tatsache, daß die erhaltene Kalorienzahl – innerhalb der durch Benutzung verschiedener Apparaturen bedingten Streuung der Werte – vollkommen unabhängig ist vom Rohrdurchmesser und von der Rohrart. Die Glasrohrdurchmesser wurden dabei zwischen 15 und 220 mm variiert, die Durchmesser der Metallröhren zwischen 20 und 70 mm. Um bei einem Vergleich von Metallröhren und Glasröhren unabhängig zu sein von den Zufälligkeiten verschiedener Exemplare, wurden (außer zahlreichen Messungen an Einzelröhren) an dem unter III. A. beschriebenen Glas- und Metallrohr abwechselnd Kalorienmessungen im Glasrohr und im Metallrohr durchgeführt, natürlich bei gleichen Spannungen (zwischen 10 und 20 kV) und Stromstärken (10 mA).

Das Verhältnis der im Glasrohr und im Metallrohr an die Kathode abgegebenen Energien ergab sich zu $1{,}02 \pm 0{,}05$. Der Teilchenstrom auf die Kathode eines Ionenrohres ist also bei gleicher Spannung und Stromstärke weder von der Röhrenform noch von dem Wandmaterial (Glas oder Metall) abhängig.

Abbildung 11 zeigt die Abhängigkeit der auf die Kathodenstirn übertragenen Wattzahl als Funktion der Röhrenspannung bei 10 mA Entladungsstrom bei verschiedenen Rohrarten. Die Unabhängigkeit vom Rohrtyp entspricht natürlich dem gleichen Tatsachenmaterial wie in Abbildung 10. Die Spannungsabhängigkeit der Kalorienausbeute ist nicht linear. Das geht noch deutlicher aus Abbildung 12 hervor, in der das Verhältnis „Watt : Spannung" als $f(U)$ wiedergegeben ist. Soweit wir in erster Näherung die mittlere Energie der ankommenden Teilchen als spannungsproportional betrachten können, stellt diese Kurve ein Relativmaß der Gesamtzahl der ankommenden positiven und neutralen Teilchen dar. Diese Gesamtteilchenzahl nimmt mit abnehmender Spannung zu. Das hat wohl seinen Hauptgrund darin, daß die mit abnehmender Energie der ankommenden Teilchen abnehmende Elektronenemission der Kathode durch eine Zunahme der ankommenden schweren Teilchen kompensiert werden muß, um den Entladungsmechanismus aufrechtzuerhalten. Aus dieser Teilchenzahl (Ionen und neutrale Teilchen) läßt sich mit Hilfe von Abbildung 8a abschätzen, welche Ströme hinter der Kathode nach Durchlaufen einer bestimmten Kanallänge allenfalls auftreten könnten. Dabei ergibt sich: unabhängig vom Rohrtyp erhält man zwischen 30 und 70 kV und 10 mA Röhrenstrom einen hinter der Kathode allenfalls erreichbaren Ionenstrom von ungefähr 1 mA. Diese „Stromgrenze“ selbst ist von der Spannung fast unabhängig. Der hinter einem bestimmten Kanal vorhandene Ionenstrom liegt aber infolge nicht ausreichender Konzentration auf dem Kanaldurchmesser und infolge Neutralisation um so tiefer unter jener Grenze, je niedriger man die Spannung wählt. Jene Stromgrenze ist dem Röhrenstrom streng proportional. Es ist aber eine Frage der sonst noch zu stellenden Forderungen, bis zu welchem Grade man aus dieser Tatsache für die Ausbeute hinter dem Kanal Nutzen ziehen kann.

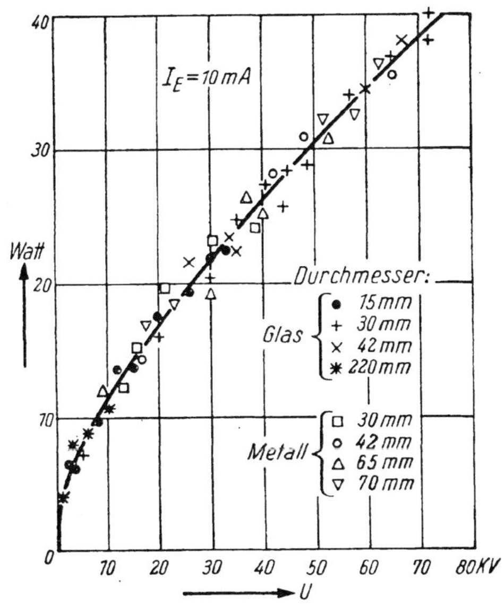

Abb. 11. Die auf die Kathode übertragene Kanalstrahlenergie in Abhängigkeit von der Röhrenspannung U bei Glas- und Metallröhren mit verschiedenen Durchmessern bei 10 mA.

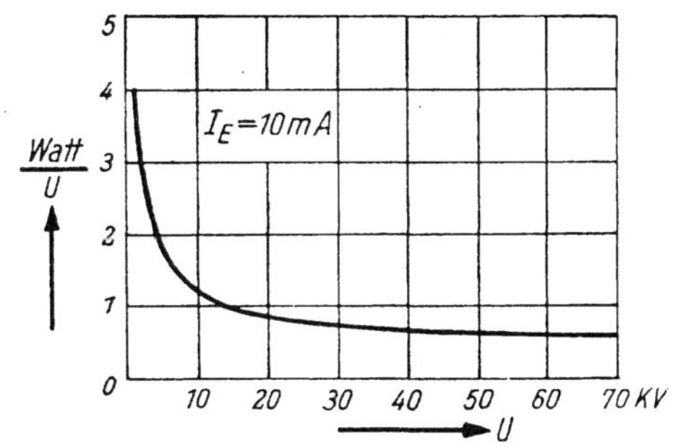

Abb. 12. Relativzahl der zur Kathode fließenden Kanalstrahlströme in Abhängigkeit von der Röhrenspannung U.

2. Die Gesamtausbeute an Kanalstrahlen hinter der Kathode. Die komplizierten Ausbeutegesetzmäßigkeiten hinter der Kathode lassen sich nun leicht verstehen aus den einfachen Verhältnissen vor der Kathode der vom Röhrentyp abhängigen Strahlkonzentration und – falls nach der Ionenzahl gefragt wird – aus der Umladung der Teilchen beim Flug durch den Kanal.

a) Einfluß von Strom, Spannung und Rohrart. Abbildung 13 zeigt die Abhängigkeit der Ausbeute vom Entladungsstrom für verschiedene Spannungen. Als Ordinate wurde nicht der Auffängerstrom, sondern die kalorimetrisch gemessene Wattzahl des Teilchenstromes gewählt, weil die Kaloriemessung am Strahl auch noch bei Drucken von einigen 10^{-2} Torr möglich ist, bei denen die Auffängermessung illusorisch wird. Die Zahl der unmittelbar hinter der Kathode auftretenden Ionen läßt sich aus

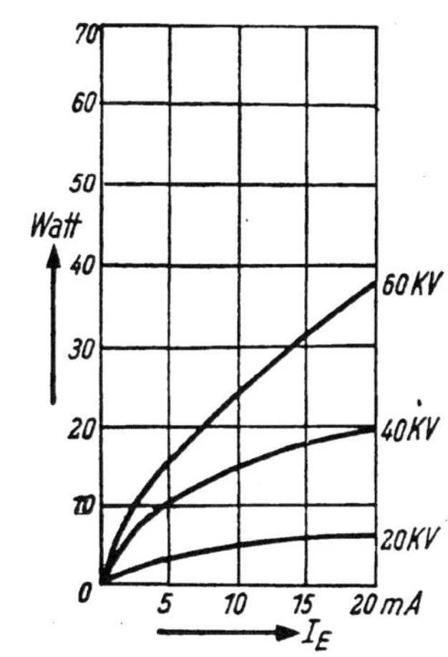

Abb. 13. Kanalstrahlausbeute hinter einem 2 mm weiten und 20 mm langen Kanal als Funktion des Entladungsstromes J_E. Für ein Glasentladungsrohr von 3 cm und ein Metallentladungsrohr von 6 cm Weite ergibt sich ungefähr das gleiche Bild.

$\frac{n^+}{n^0 + n^+}$, der Wattzahl und der mittleren Energie der Teilchen abschätzen. Letztere beträgt in erster Näherung ungefähr 40% der aus der Röhrenspannung berechneten Energie. Wie Abbildung 13 zeigt, ist die lineare Abhängigkeit der Ausbeute von der Entladungsstromstärke, die vor der Kathode bestand, hinter der Kathode nicht mehr vorhanden. Die Absolutwerte der Watt sind bedeutend niedriger als vor der Kathode. Ihre Abhängigkeit von der Stromstärke ist um so geringer, je höher die Stromstärke, je niedriger die Spannung ist. Beides ist leicht verständlich daraus, daß der Kanalstrahlpinsel breiter ist als der Kathodenkanal, und daß die Konzentrierungsfähigkeit eines bestimmten Rohres mit abnehmender Wandladung, also abnehmender Spannung, niedriger wird. Bei niedriger Spannung bewirkt eine Vergrößerung der Stromstärke über ein bestimmtes Maß hinaus fast nur noch eine Verbreiterung des Strahles, also nur eine unwesentliche Vergrößerung der Ausbeute hinter der Kathode. Die Konzentrierungsfähigkeit des Rohres in bezug auf den Strahl hängt natürlich vom Rohrtyp ab. Abbildung 13 gilt für ein Glasrohr von 3 cm Weite. Abbildung 14 zeigt dieselbe Abhängigkeit für ein Glasrohr von 2 cm Weite. Hier sind die Ausbeuten beträchtlich größer als bei 3 cm Rohrdurchmesser. Gemäß Abbildung 6 ist aber der für die gleiche Spannung und die gleiche Stromstärke erforderliche Druck dem Rohrdurchmesser ungefähr proportional. Daher hängt es von der Pumpwirkung hinter dem Kanal und dem dort zulässigen Druck ab, ob man die bei gleichem Kanaldurchmesser höhere Ausbeute des engeren Rohres nicht doch wieder durch Anwendung eines engeren Kanals drosseln muß. Außerdem führt eine zu weitgehende Verengung des Rohres zu Schwierigkeiten in bezug auf die Stabilität der Entladung und in bezug auf die Zentrierung von Rohrachse und Kanalachse.

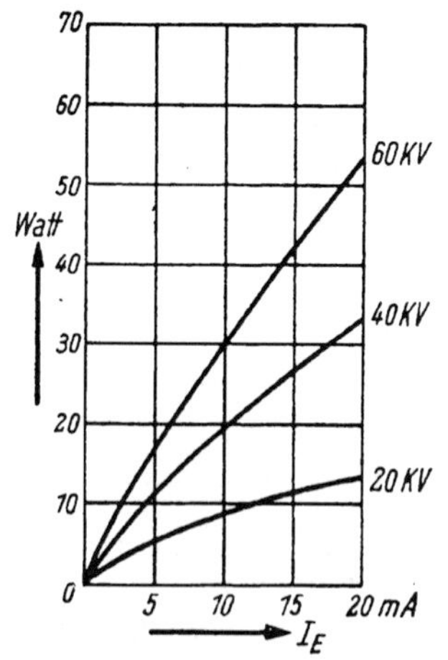

Abb. 14. Kanalstrahlausbeute hinter einem 2 mm weiten und 20 mm langen Kanal als Funktion der Entladungsstromstärke. Für ein Glasentladungsrohr von 2 cm und ein Metallentladungsrohr von 3 cm ergibt sich ungefähr das gleiche Bild.

Abbildung 13 und 14 gelten nicht nur für Glasröhren von 3 bzw. 2 cm Durchmesser, sondern sie sind praktisch auch identisch mit den Ausbeutekurven von Metallröhren von 6 bzw. 4 cm Durchmesser bei gleichen Stromstärken und Spannungen. Wie aus Abbildung 5 zu ersehen ist, liegen aber die Druckspannungskurven von Glasröhren und doppelt so weiten Metallröhren sehr nahe beieinander. Daher ist es entladungstechnisch gleichgültig, ob bei gleichbleibender Spannung die Ausbeuteerhöhung durch Verkleinerung des Rohrradius oder durch Übergang vom Glasrohr zum Metallrohr bewirkt wird. Eine beträchtliche Ausbeuteerhöhung erzielt man, wie aus Abbildung 13 und 14 zu entnehmen ist, durch Erhöhung der Entladungspannung. Das beruht nicht darauf, daß mit erhöhter Spannung die Zahl an der Kathode ankommender Teilchen wächst; im Gegenteil, wie Abbildung 12 zeigt, nimmt diese Zahl mit steigender Spannung anfangs sehr stark aber auch später noch beständig ab. Die Vergrößerung insbesondere der Ionenausbeute beruht auf der stärkeren Konzentration des Pinsels und der abnehmenden Neutralisation des Strahles im Kanal mit zunehmender Spannung. In Abbildung 15 und 16 sind die Wattzahlen der Kanalstrahlteilchen vor und hinter der Kathode als $f(U)$ für bestimmte Entladungsstromstärken und Rohrtypen aufgetragen. Diese kalorimetrisch bestimmten „Watt"-Zahlen sind natürlich unabhängig von Umladungseffekten, da sie der Summe von geladenen und neutralen Teilchen entsprechen. Daher kommt bei diesen Messungen die Konzentrationswirkung der verschiedenen Spannungen und Rohrtypen in reiner Form zum Ausdruck. Bei allen drei Stromstärken (5 mA, 10 mA und 20 mA) und bei allen Spannungen liegen natürlich die „hinter der Kathode“ gemessenen Wattzahlen unter den Wattzahlen „vor der Kathode“. Dieser Unterschied ist bei niedrigen Spannungen (geringe Wandladung) am größten. Mit steigender Spannung (also steigender Wandladung) steigen alle 3 Kurven stärker an als die ihnen zugeordneten Kurven „vor der Kathode“. Der Unterschied zwischen beiden wird mit steigender Spannung immer kleiner. Bei der {5 mA}-Kurve wird der Anstieg für $U > 40$ kV bereits wieder geringer. Bei dieser niedrigen Stromstärke hat sich bei 40 kV der wesentliche Teil des Strahles bereits auf den Kanaldurchmesser konzentriert; eine weitere Konzentration bringt kaum noch Gewinn, und der Energieanstieg des Strahles mit steigender Spannung ist von da an im wesentlichen bedingt durch die Proportionalität von Energie und Spannung. Für die {10 mA}-Kurve erreicht die

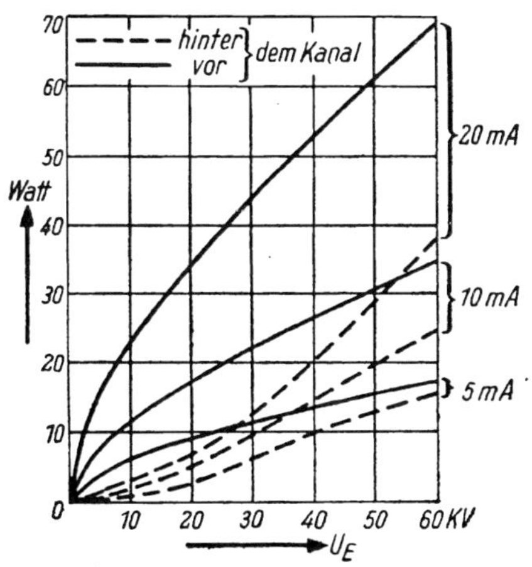

Abb. 15. Kanalstrahlausbeute hinter einem 2 mm weiten und 20 mm langen Kanal im Vergleich zur „Ausbeute vor dem Kanal“ als Funktion der Entladungsspannung U_E. Für ein Glasrohr von 3 cm und ein Metallrohr von 6 cm ergibt sich ungefähr das gleiche Bild.

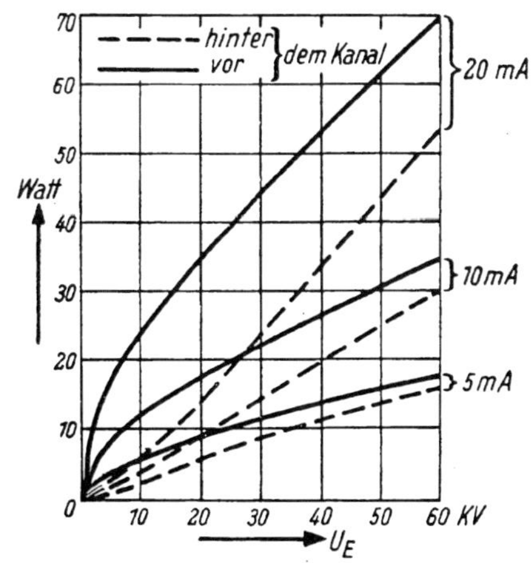

Abb. 16. Kanalstrahlausbeute hinter einem 2 mm weiten und 20 mm langen Kanal im Vergleich zur „Ausbeute vor dem Kanal“ als Funktion der Entladungsspannung U_E. Für ein Glasentladungsrohr von 2 cm und ein Metallentladungsrohr von 3 cm ergibt sich ungefähr das gleiche Bild.

Konzentration auch bei 60 kV noch nicht das Ende ihrer Wirkung, und noch weniger ist das bei der 20 mA-Kurve der Fall. Abbildung 15 enthält das gleiche Tatsachenmaterial wie Abbildung 13; sie gilt also sowohl für ein Glasrohr mit 3 cm als auch für ein Metallrohr mit 6 cm Durchmesser. Gehen wir jetzt zu einem Glasrohr von 2 cm bzw. einem Metallrohr mit 3 cm über (Abb. 16), so sehen wir auch hier jene Konzentrationserscheinungen. Entsprechend der stärker wirkenden Wandladung der engeren Röhren treten sie stärker auf, so daß hier auch für die {10 mA}-Kurve die Konzentrationswirkung ihr Endstadium erreicht.

Die Möglichkeit, durch Annäherung der Wandladung an den Kanalstrahlpinsel dessen Konzentration zu steigern, hat zu seltsamen Rohrkonstruktionen geführt. So benutzt z. B. C. Hailer [8] bei seiner Untersuchung der Ionenausbeute ein Metallentladungsrohr, dessen kurzer Isolationsweg nur 30 kV verträgt, das aber dabei einen Rohrdurchmesser von ca. 80 mm besitzt. Bei 30 kV ergibt aber, wie C. Hailer auch selbst feststellt, ein so großer Rohrdurchmesser eine derart schwache Konzentration des Kanalstrahlpinsels, daß Anwendung größerer Entladungsströme zwecklos ist. Statt aber nun das Verhältnis von Spannung zu Rohrdurchmesser zweckmäßig zu wählen, wird in jener Arbeit der anfängliche Fehler dadurch kompensiert, daß das irrtümlicherweise zu weite Rohr unten durch eine „Ionenoptisch“ wirkende Blende abgeschlossen wird. Dadurch wird in der Tat die geringe Anfangsausbeute des Rohres stark erhöht. Die gleiche erhöhte Ausbeute wäre aber natürlich auch erreicht worden, wenn man von vornherein den richtigen Rohrdurchmesser verwendet hätte. Das sind bei 30 kV etwa 25 mm Metallrohrdurchmesser. Welcher Unterschied besteht nun zwischen einem zu weiten, aber durch eine Blende korrigierten Metallrohr und einem Metallrohr ohne Blende aber mit einem der gewünschten Spannung angepaßten Durchmesser? Die gleiche Ausbeute kann man in beiden Fällen erzielen. Auch die Geschwindigkeitsspektren sind in beiden Fällen dieselben [9, 10]. Die Verzerrung des Feldes vor der Kathode durch die Blende bewirkt jedoch, daß die Strahlen in einem Blendenrohr nicht mit derselben geringen Divergenz in den Kanal eintreten wie bei einem Rohr ohne Blende. Daher erhält man an einem Blendenrohr die hohe Ausbeute nur bei sehr kurzem Kanal (kürzer als 2 mm) (siehe C. HAILER, Seite 129 und 130). Das hat aber zur Folge, daß die im Entladungsraum gebildeten H_2-Ionen wenig Gelegenheit zum Zerfall in die fast allein interessierenden H^+-Ionen haben. Und tatsächlich besteht der Hauptanteil der Ionen eines solchen Blendenrohres aus Molekülionen, wie bereits im gleichen Laboratorium [11], in meinem Laboratorium und auch anderwärts [12] festgestellt wurde. Konzentration der Ionenstrahlen durch eine besondere Blende bringt also keinen Vorteil; die erforderliche Konzentration des Strahles wird zweckmäßiger erreicht durch ein einfaches Metall- oder Glasentladungsrohr und einen der gewünschten Spannung angepaßten Durchmesser.

b) Einfluß von Kanaldurchmesser und Kanallänge. Bei einfachen Glas- oder Metallröhren (ohne Blende) sind die durch Raumladung und Wandladung bedingten Potentialflächen in der Nähe der Rohrachse, vor allem in der Nachbarschaft der Kathode, nur wenig gekrümmt. Deshalb verläuft der Hauptteil der Strahlen fast parallel zur Rohrachse, und man erhält für die Abhängigkeit der Ausbeute von den Kanaldimensionen sehr einfache Gesetzmäßigkeiten.

Vom Kanaldurchmesser d hängt die Ausbeute der neutralen und der geladenen Teilchen in erster Ordnung linear ab. Das gilt für alle Kanäle mit Durchmesser $d \lessapprox 4$ mm bei Röhren mit Durchmesser größer als $4\,d$ und Dunkelraumlängen größer als $3\,d$. Das Verhältnis der geladenen Teilchen zu den neutralen wird durch den Kanaldurchmesser natürlich nicht beeinflußt, wohl aber durch seine Länge, wie bereits aus Abbildung 8 zu ersehen war. Während bei Verlängerung eines Kanales von 10 auf 40 mm (bei Kanaldurchmesser im Bereich von 1—4 mm) die Gesamtzahl der Teilchen nur auf etwa 80% zurückgeht, wird die Zahl der geladenen Teilchen bei 60 kV durch eine solche Kanalverlängerung auf 60%, bei 20 kV sogar auf 25% reduziert.

Daraus erhellt der Vorteil der Anwendung hoher Spannungen und kurzer Kanäle. Eine Verkürzung des Kanales unter Beibehaltung seines gaskinetischen Widerstandes ist leicht durchführbar ohne großen Ausbeuteverlust der Gesamtteilchenzahl, da diese proportional d, der Widerstand jedoch proportional d^3 oder auch d^4 ist. Indessen verhindert ein zu kurzer Kanal die erwünschte starke Dissoziation der H_2^+-Ionen in Atomionen. Deshalb wird man einen Kompromiß schließen müssen: Spannung so hoch wie möglich, 50–70 kV und einen Kanal von 2 mm Durchmesser und etwa 20 mm Länge.

c) Einfluß der Auffängerstellung. Es versteht sich eigentlich von selbst, daß der Auffänger sich in der Entfernung vom Kanalende befinden muß, in der eine weitere Verwendung der Teilchen z. B. für Nachbeschleunigungszwecke möglich ist. Man mißt sonst bei sehr kurzen, weiten Kanälen leicht einen Teilchenstrom, der in dieser Form nicht zur weiteren Verwendung kommen kann. Diese Entfernung beträgt in den meisten Fällen 5–6 cm. Es ist auch klar, daß der Gasdruck im Auffängerraum unter 10^{-3} Torr liegen muß, und daß zwischen Auffänger und Kathode keine Beschleunigungsspannung liegen darf. Trotzdem wird gegen diese Regel nicht selten verstoßen und dadurch eine Beurteilung der Ergebnisse illusorisch gemacht.

In einem Auffänger von 10–15 mm Öffnung und mit 6 cm Abstand vom Kanalende wurden bei einem Glasrohrdurchmesser von 30 mm, bei 60 kV und 15 mA Entladungsstrom ungefähr 1 mA Kanalstrahlstrom gemessen. Dabei durchliefen die Kanalstrahlen einen Kanal von 2 mm Weite und 20 mm Länge; sie bestanden danach fast zu 80% aus Atom-Ionen. Im Entladungsraum herrscht dabei ein Druck von $3 \cdot 10^{-2}$ Torr, hinter der Kathode (bei Verwendung einer Q-Ölpumpe) $4 \cdot 10^{-4}$ Torr. Die Verhältnisse waren praktisch unabhängig davon, ob als Entladungsrohr ein Glasrohr von 3 cm Weite oder ein Metallrohr von 6 cm Weite benutzt wurde.

VI. Vergleich verschiedener Glas- und Metallkanalstrahlröhren hinsichtlich verschiedener Zwecke

Wenn wir verschiedene Ionen-Strahlröhren vergleichen wollen, so interessieren dabei nur jene Eigenschaften, die für den Verwendungszweck der Ionen-Quellen wesentlich sind. Die Durchmesser der Röhren gehören gewiß nicht zu jenen Eigenschaften. Daher ist es bedeutungslos, Röhren mit gleichem Durchmesser, aber verschiedenem Wandmaterial in bezug auf ihre sonstigen Eigenschaften vergleichen zu wollen. Wir würden jedenfalls ein kompliziertes Gesamtbild bekommen, daß bei nicht umfassender Betrachtung – wie bereits die Literatur zeigt – zu unzweckmäßigen Darstellungen führen kann. Wir werden vielmehr beim Vergleich von Röhren aus verschiedenem Wandmaterial ausgehen von gleichen Ionen-Strömen bei gleichen Entladungsströmen. Aus dem Vorhergehenden ersehen wir, daß das konstruktiv erreichbar ist. Wir brauchen dann nur noch zu fragen, wie verhalten sich unter diesen konstruktiv erzwungenen Umständen die übrigen wesentlichen Eigenschaften, das heißt in diesem Falle Entladungsspannung und Entladungsdruck. Wir sahen auch bereits, daß wir diese Größen unter jenen Umständen gleichmachen können. Die Durchmesser der erforderlichen Röhren dürfen dann allerdings bei Glasröhren nur ungefähr halb so groß sein wie bei Metallröhren. Aber gerade das ist für den Verwendungszweck unwesentlich.

Hinsichtlich aller für den Verwendungszweck wesentlichen Parameter (Nutzeffekt, Ionenstrom, Ionenspektrum, Gasfluß durch den Kanal) sind also Glasentladungsrohr und Metallentladungsrohr einander gleichwertig, wenn sich ihre Durchmesser etwa wie 1:2 verhalten.

(Dabei sehen wir natürlich von ± 20% Unterschieden ab, die zwischen Röhren des gleichen Typs auch auftreten können).

Die Unterschiede zwischen beiden Röhrenarten haben also lediglich technischen Charakter.

Die Lebensdauer eines mit 70 kV und 15–20 mA betriebenen Glasrohres beträgt etwa 100 Vollbetriebsstunden; man muß also einige Ersatzröhren vorrätig halten, dann aber fällt dieser Umstand weder zeitlich noch materiell wesentlich ins Gewicht. Bei Metallröhren ist die Lebensdauer praktisch unbegrenzt, solange die Spannung unter 40 kV bleibt; bei 60 kV und 20 mA ist die Lebensdauer bei Metallröhren mit Glaszylinderisolator sehr verschieden, aber im Mittel etwa 200 Betriebsstunden. Der Ersatz ist freilich in diesem Fall nicht so einfach wie bei Glasröhren. Es ist bekannt, daß jedes Glaskanalstrahlrohr unabhängig von der Gasfüllung auch H-Kanalstrahlen liefert; der Wasserstoff wird aus dem Baumaterial frei, da sich die Ionenstrahlröhren infolge ihrer baulichen Eigentümlichkeit nicht so vollständig ausheizen lassen wie Spektralröhren oder Elektronengeräte. Dieser Nachteil wirkt sich freilich bei Metallkanalstrahlröhren noch stärker aus als bei Glaskanalstrahlröhren, so daß beim Betrieb eines Rohres mit anderem Gas als H_2 ein Glasrohr vorzuziehen ist.

Für Nachbeschleunigungszwecke hat dagegen bei hohen Beschleunigungsstufen das Metallrohr den Vorteil, daß es sich leichter in das Nachbeschleunigungsrohr einbauen läßt, so daß der Strahlweg verkürzt wird.

Da die Konzentration des Kanalstrahls von der Wirkung des Wandpotentiales und dieses von der Entladungsspannung abhängt, so wird man, wenn man in einem engeren Spannungsbereich arbeiten muß, den Rohrdurchmesser dieser Spannung anpassen. Folgende Tabelle möge dafür Anhaltspunkte geben.

Entladungsrohrspannung		20	40	60	kV
Durchmesser	Glasröhren	15	20	30	Entladungs-
mm	Metallröhren	28	36	55	Strom 15 mA

Man wird also nicht von einem Kanalstrahlrohr alles erwarten, sondern je nach dem Verwendungszweck eine Rohrart mit optimalen Eigenschaften aussuchen.

VII. Zusammenfassung

1. Zweck der Arbeit: Vergleich von Glas- und Metall-Kanalstrahlröhren.
2. Konstruktive Einzelangaben von Glas- und Metallkanalstrahlröhren für Belastungen von ungefähr 70 kV und 20 mA (Abb. 1 und 2).
3. A. An einem Glasentladungsrohr, das während des Betriebes in ein Metallentladungsrohr übergeführt werden kann, wird gezeigt, wie das Entladungsbild von der Entladungsspannung, der Stromstärke und dem Rohrwandmaterial abhängt (photographische Wiedergabe der Erscheinungen Abb. 3 und 4).

   B. Die charakteristischen Größenbeziehungen der Kanalstrahlentladung werden besprochen:
   a) Steigende Charakteristik $I = f(U)$ für beide Rohrtypen.
   b) Der bei einer bestimmten Stromstärke für verschiedene Spannungen erforderliche Gasdruck nimmt mit steigender Spannung ab (Abb. 5), ist dem Rohrdurchmesser etwa umgekehrt proportional und in einem Metallrohr unter gleichen Umständen etwa doppelt so hoch wie in einem Glasrohr gleicher Weite (Abb. 6).
   c) Im Bereich von 20—60 kV hängt die Stromstärke bei konstanter Spannung sehr stark vom Gasdruck ab ($I \sim p^{10}$).
   d) Die Länge des HITTORFschen Dunkelraumes ist im wesentlichen bedingt durch die Notwendigkeit, die für den Entladungsmechanismus erforderliche Vermehrung der aus dem Glimmsaum herausgesaugten Ionen zu gewährleisten.
   e) Die Breite des Kanalstrahlpinsels steigt mit zunehmender Stromstärke; sie sinkt mit zunehmender Spannung und abnehmendem Rohrdurchmesser. In Glasröhren ist der Pinseldurchmesser etwa ebenso groß wie in Metallröhren doppelter Weite.

4. Analyse der Kanalstrahlen.

   A. Der primäre Teil der Kanalstrahlen entsteht im kathodenseitigen Teil des negativen Glimmlichtes. Er besteht bei H_2-Gas hauptsächlich aus H_2^+ und H_3^+. Letztere zerfallen beim Flug durch den HITTORFschen Dunkelraum und den Kathodenkanal insbesondere bei höherer Spannung vollständig. Bei den H_2^+-Ionen wird die Abnahme beim Flug durch den Dunkelraum ($H_2^+ = H^+ + H^0$) zum Teil kompensiert durch Neubildung aus dem durch H_2^+-Stoß ionisierten Gas. Beim Flug durch den feldfreien Kanal wirkt (außer Streuung und Umladung) nur noch der Zerfallsprozeß. Nach dem Durchlaufen eines 2 cm langen Kanals mit dem mittleren H_2-Druck von etwa 10^{-2} Torr besteht der H-Kanalstrahl bei $U > 50$ kV zu 60—80% aus Atomen, praktisch unabhängig vom Rohrtyp.

   B. Das Verhältnis der geladenen Kanalstrahlteilchen zur Gesamtzahl wird gemessen (Abb. 7); es ist praktisch unabhängig vom Rohrtyp und nimmt zu mit zunehmender Spannung und abnehmender Kanallänge (Abb. 8a und b).

5. A. Die Gesamtausbeute von Kanalstrahlen wird sowohl elektrisch (Auffänger) als auch thermisch gemessen (Kalorimeter) (Abb. 9).

   B. a) Die auf die Kathodenstirn auftreffende Kanalstrahlenergie ist streng proportional der Entladungsstromstärke, unabhängig vom Rohrdurchmesser und Material der Rohrwand (Glas, Metall) (Abb. 10); sie steigt mit der Spannung an (Abb. 11). Die Zahl der an der Kathode ankommenden Teilchen nimmt zwischen 1 und 10 kV sehr stark, später langsam aber ständig ab (Abb. 12). Das ist bedingt durch die Spannungsabhängigkeit der Elektronenemission der Kathode infolge H-Stoß. Dieser auf die Kathode auftreffende Teilchenstrom ist unabhängig vom Rohrtyp; er stellt die Grenze des Teilchenstromes dar, der hinter der Kathode im Idealfall erwartet werden könnte.

b) Hinter der Kathode ist der Kanalstrahlstrom abhängig vom Teilchenstrom vor der Kathode, der Konzentration auf den Kanal und der Streuung und Umladung im Kanal. Daher gibt es dort keine Proportionalität zwischen Ionenstrom und Entladungsstrom (Fig. 13 und 14). Mit steigender Spannung nähert sich die Ausbeute hinter dem Kanal der Ausbeute vor dem Kanal und zwar um so mehr, je kleiner der Rohrdurchmesser und je kleiner die Stromstärke (steigende Konzentration des Kanalstrahlpinsels auf den Kanal) (Abb. 15 und 16). Für Glas- und Metallröhren ergibt sich dabei praktisch das gleiche Bild, wenn sich die Durchmesser etwa 1 : 2 verhalten. Die Anwendung einer „ionenoptisch wirkenden Blende" in einem Metallrohr hat keine spezielle, positive Bedeutung. Die erforderliche Konzentration des Kanalstrahlpinsels wird besser erreicht durch richtige Auswahl des zu der gewünschten Spannung gehörigen Rohrdurchmessers. In bezug auf die Verwendbarkeit des Strahles bringt eine solche Blende Nachteile, da die große Divergenz des so entstehenden Strahles einen sehr kurzen Kanal erfordert, der keine genügende Umwandlung des Molekularstrahles in den erforderlichen Atomstrahl gewährleistet.

c) Die Vergrößerung der Kanallänge von 10 auf 40 mm verringert bei 60 kV die Gesamtenergie des Strahles, aber nur bis auf 80%, die Zahl der geladenen Teilchen bei 60 kV jedoch auf 60%, bei 20 kV sogar auf 25%. Um eine relativ hohe Atom-Ionenausbeute hinter dem Kanal zu erreichen, wählt man am besten eine Spannung von 50—70 kV und einen 2 mm weiten und 20 mm langen Kanal. Man erhält dann bei einem 3 cm weiten Glaskanalstrahlrohr und bei 15 mA Entladungsstrom in einem 6 cm hinter der Kathode aufgestellten Auffänger etwa 1 mA Kanalstrahl-Ionenstrom, der etwa zu 80% aus Wasserstoff-Ionen besteht. Dasselbe erhält man bei einem ca. 6 cm weiten Metallrohr.

6. Beim Vergleich von Glas- und Metallkanalstrahlröhren ist es nicht zweckdienlich, Röhren mit gleichen Durchmessern zu vergleichen. Geht man dagegen — was faktisch möglich ist — von Röhren mit gleicher Ausbeute aus, so zeigt sich, daß alle übrigen Parameter (U, I, p) für das Glasrohr und für das Metallrohr ungefähr gleich groß gewählt werden können, wenn der Metallrohrdurchmesser etwa 2mal größer gemacht wird als der Glasdurchmesser. Die Unterschiede zwischen beiden Rohrtypen haben also vorzugsweise technischen Charakter: größere oder geringere Einfachheit der Konstruktion und des Einbaues in Beschleunigungsröhren, größere oder geringere Lebensdauer, Leichtigkeit des Ersatzes und Sauberkeit. Je nach dem Verwendungszweck wählt man am besten ein Glasrohr oder ein Metallrohr mit einem dem gewünschten Strom- und Spannungsbereich angepaßten Rohrdurchmesser (siehe Tabelle auf S. 24).

LITERATURVERZEICHNIS

[1] L. Zehnter, E. T. Z. **36**, 1915; 49. Weitere Entwicklung vor allem durch H. A. Seemann und die Siegbahnsche Schule.

[2] A. Bouwers, F. Hein und A. Kuntke, Physica 4, 2, **153** (1937).

[3] R. Döpel, Ann. Physik 76, **23** (1925).

[4] W. Schütz, Wissenschaftl. Veröffentl. d. Siemens-Werke XVII, 1938, 135.

[5] J. Hiby, Ann. Physik **34** (1939) 473.

[6] R. Döpel, Ann. Physik **16** (1933) 1.

[7] R. Conrad, Physik. Z. **31** (1930) 888.

[8] C. Hailer, Wissenschaftl. Veröffentlichungen der Siemens-Werke XVII, 1938, 115.

[9] C. W. Sherwin und A. J. Dempster, Physic. Rev. **55** (1939) 582.

[10] R. Gebauer und E. Kreyzig, Z. Physik **135** (1953) 349.

[11] W. Schütze, Wissenschaftl. Veröffentlichungen der Siemens-Werke XVII, 1938, 154.

[12] W. Gentner, Ergebnisse der exakten Naturwissenschaften **19** (1940) 129.

FSC
www.fsc.org
MIX
Papier | Fördert
gute Waldnutzung
FSC® C083411

Zeitfracht Medien GmbH
Ferdinand-Jühlke-Straße 7
99095 Erfurt, Deutschland
produktsicherheit@kolibri360.de